URBAN ENVIRONMENT DESIGN

许浩 主编　赖文波　王铭 执行主编

辽宁科学技术出版社
·沈阳·

CHINESE LANDSCAPE
DESIGN YEARBOOK

2021-2022

中国景观
设计年鉴

前言：
走"人与自然的和谐共生"之路

长期以来，我们习惯于将人类置于环境的中心位置，在工业化和城市化大发展阶段，经济发展作为中心任务，往往以牺牲生态环境为代价。时至今日，温室效应、极端气候、森林减少、生物多样性下降等诸多环境问题困扰人类，如何在人类社会与生态环境之间构建可持续平衡，是当代人类社会面临的最重要课题。

2021 年 6 月 5 日是世界环境日，我国 2021 年确定的环境日主题是"人与自然的和谐共生"。"人与自然的和谐共生"，即是要构建人类社会与自然环境的共存共生关系，这不仅是人类社会可持续发展的基石，而且是守护地球村、建设美丽中国的客观需求，是生态文明建设的必然之路。

作为塑造环境的重要手段，景观设计担负着提升生态与社会效益、营造人类美好家园的重要使命。在习近平生态文明思想指引下，走"人与自然的和谐共生"之路，正是新时代中国景观设计的必然选择。基于此，《中国景观设计年鉴 2021—2022》甄选了 64 个已建成案例，分为公共景观、人居景观、休闲景观、地产景观、街道商业景观、人文景观六大板块，为业界、读者呈现了景观设计在生态文明建设与实践"人与自然的和谐共生"理念方面的最新尝试。各个板块收录案例的特色如下。

公共景观板块包括 10 个案例，凸显重视生态系统和丰富游人体验的特色。南油市政广场（天璟公园），使人有"漫步林间"之感，入园即入自然，将广场功能与生态功能融为一体。广东深圳前湾片区景观设计，凸显滨海特色，融游憩功能、生态环保于一体。岭南和园，在城市中彰显地域历史文化。上饶·十里楮溪时光公园兼具滨水生态走廊与城市活力公园功能。四川南部水城禹迹岛公园在滨水地带强化原生态，彰显山水景观特质，将城市门户空间与生态空间营造相结合。遂宁南滨江公园景观设计将慢行系统和活动空间融入滨江绿带中，在细节中体现生态理念。潼南大佛寺湿地公园项目，在高密度城区环境中，将航运文化、佛教文化、活动功能融入滨水湿地景观中，并采取了"与洪水为友"、恢复滩涂生境等生态理念与技术。武汉华侨城 D3 地块南侧湿地公园景观提升项目，依托东湖景区，修复生态系统，提升步行体验。本板块包含两个公共艺术项目。公共雕塑《星河》通过富有韵律的起伏造型彰显武汉山水湖城的景观特征。噪音涂鸦利用现代化技术手段，在珠海地下隧道中打造了艺术化的通廊，极大提升了行车体验。

人居景观板块收录 11 个案例，体现出自然价值观导向的人居环境建设理念。重庆的项目有五处。龙湖·尘林间项目，巧妙地平衡了居住环境与自然环境的关系。南山的高屋·林语堂，巧妙利用山地自然和人文景观资源，营造"人与自然的和谐共生"的宅院空间。融创·国宾壹号院，传承了中国传统庭院的审美因子，通过庭台、廊阁、澜亭、旱桥、汀水、松石，营造了多主题庭院空间。约克郡·禧悦项目充分利用内外起伏的山地资源，通过设计将自然性与生活功能巧妙融合。重庆龙湖舜山府三期项目，巧妙结合了照母山山地景观与沙漠热带景观特征。

北海兆信·金悦湾项目，打造了全新的滨海度假生活空间。成都的武侯金茂府一期项目，根植于"成都记忆"，在居住环境中体现了自然与秩序的协调。中国铁建·西派浣花项目，充分考虑浣花溪的自然人文特色资源，活用中国书法式的线条，勾勒诗赋庭、月门庭和茶院等主题空间。泰禾·深圳院子充分融入山水资源，亦在空间中充分体现景观秩序感、礼仪感。广州的天奕项目结合白云山和白云湖景观资源，打造山水地貌，形成雅致奢隐的风格。郑州永威森林花语，以秘境、花园、广场、栈道，打造了森林式的高品质社区。

休闲景观板块收录 9 个案例，注重休闲功能与自然要素的整合。阿那亚黄金海岸社区项目精心维护景观岸线，恢复生态资源，在北中国旅游度假区打造出文化艺术之地。江苏南通的洲颐温泉酒店，引水入园，活用温泉，营造新唐风特色的旅游度假区。广东阳江海陵岛的北洛秘境悬崖泳池景观设计，打造出三面环山、一面临海的悬崖泳池。广东惠州的九铭屿海项目，突出生态海景要素界面，实现人、空间、自然三者交融共生。大理的小院子南区，"四季春常在，花开满院落"，景观营造凸显山林和民族文化特色。绿城·安吉桃花源·未来山Ⅱ项目,基于山水竹林等自然景观,创设出桃花源式的休闲居住环境。陕西宝鸡的西府里,契合乡村振兴主题,打造出兼顾原住民、第三产业和地域文化的优质空间综合社区。成都融创青城溪村,在景区中融入川西林、水、宅、田等自然要素。成都大邑云上木莲庄酒店,背山面湖,通过高品质造园空间和细节材料,营建出结合东方禅意精髓的酒店景观。

地产景观板块收录 10 个案例,多在细节中体现生态理念。重庆融创·桃花源项目铺装精致,引入特色水景,建竹林巷道,展现桃花源风景。阳光城·天澜道 11 号,从空间、动线、细节充分引入江面风景。港龙美的·未来映项目,将植被、雕塑、水景、室内通过动态空间联系起来,形成多维度的景观体验。河南郑州的君邻大院竹苑,以竹的形态、场景、意境营造社区空间。广州的中海左岸澜庭,设计中融入森林、鸟巢、鸟等自然性设计元素。贵阳的融创·云麓长林,充分引入毗邻的长坡岭森林公园要素符号,打造出湿地、松林、草坪自然性景观。淄博的天煜·九峯项目,大胆打造事件型场景,通过沉浸式情景前庭、嬉戏谷、静谧谷、情景花园等构造创设整体空间。沈阳的富力院士廷·泡泡宇宙儿童乐园,以"泡泡"为主题打造出富有吸引力的儿童活动场地。西安的融创江山宸院,主打禅意自然风格和植被观赏,以眺影门、延山径、七松庭、伴学堂、研书园形成自然主义风格庭院。广州的阳光城·当代檀悦 MOMΛ 以都市山林为题,叠山理水,借羊城八景取意立园。

街道商业景观板块收录 12 个案例,注重文化文脉和商业、社区功能的融合。成都的天荟·万科城市广场,沿用东郊记忆场地内材料,传承历史文脉,营造多功能性、具有丰富体验感的商业空间。广州的东山少爷广场社区公园改造,注重利用植被特性增加光影,形成遮蔽空间,精心设计广场家具、动线和场所空间,形成有吸引力的社区公园。贵阳的家门口的口袋花园,以精细的场地功能分区与动线组织,结合林木、水体,形成小而精的休憩空间。上海的恒基·旭辉新天地,在建筑空间中创新采用多层次竖向植被绿化,形成生态立面。深圳的上步绿廊公园,在老城区中打造轨道公园带,深度诠释"人与自然的和谐共生"。深圳福田福安社区公园功能提升项目,营造出新型城中绿洲和社区户外客厅,极大提升了土地效能。万丰海岸城·海岸公园,将生态理念融入商业空间和社区空间设计中。北京的石景山区老山街道老山东里北社区公共空间,结合首钢文化,打造了面向首钢退休老职工与儿童的活动交流空间。上海的天安千树滨河花园及一二楼平台花园设计,将上海面粉厂历史建筑与森林建筑相融合,打造了一处苏州河畔的时尚地标。位于南昌的华侨城·万科世纪水岸鸟屿浮云项目,以水的律动与体验为主题,营造了融合地域文化的景观空间。重庆的融创精彩汇,通过六个主题功能区,在商业社区中嵌入绿色花园,形成在公园中购物的体验。万州吉祥街城市更新,通过空间升级、记忆留存、复苏业态,盘活了老城区的景观资产。

人文景观板块收录 12 个案例,体现了人文价值、社会价值和环境价值的统一。广州的建华白云之窗,将峡谷肌理、瀑布川流引入场地简约设计。扬州的绿地香港·也今东南项目,激活冶金厂历史文脉,打造"自然链接、永续生态"的文化空间。东莞的 vivo 总部,以贴近自然的设计、有机共生的空间,彰显企业形象。佛山的保利梦工厂,围绕电竞主题营造广场、活力场地等功能空间。北京的中关村 1 号,以简洁明快的设计手法,打造出都市绿廊和花园空间,彰显品牌形象。深圳的第 19 届国际植物学大会纪念园,以自然做功为基础,打造自然演替的空间。江阴市滨江公园,延续原有码头船厂的历史文脉,植入生活、休闲功能,塑造沿江生态长廊。沈阳抗美援朝烈士陵园综合提升,强化纪念性空间功能与氛围,并融合市民生活功能。成都的万科双流绿色建筑产业园,通过模拟自然地貌,再造山水园林,形成雨水花园生境,为员工提供亲自然空间。太原市滨河体育中心,将场地公园化,作为市民生活空间。烟台城市党建学院,延续原工业园区历史文脉,整合廊院空间,形成开放共享、多功能化的魅力校园环境。上海的渔阳里广场,传承地域历史与红色文化,嵌入生态艺术功能,提升了广场空间的生活性、社交性。

总体来说,《中国景观设计年鉴 2021—2022》,甄选出的项目地域分布广泛,设计水平与建造水平较高,从设计理念、功能布局、细节材料等方面充分体现了"人与自然的和谐共生"的生态文明价值观,反映了新时期我国景观设计的发展趋势。

许 浩

南京林业大学风景园林学院教授
风景园林历史与理论研究所所长
2022 年 1 月写于南山楼

■ 目录

休闲景观

朱玲

天津大学建筑学院英才教授、博士生导师
沈阳建筑大学兼职教授、博士生导师
辽宁省工程设计大师

景观不能承受之重

我有太多的疑问，每日萦绕于心

景观告诉我们什么？景观给予我们什么？对于自然界，是不是更要问：景观需要我们什么？是谁解决谁的生存问题？

景观之初衷，情景交融着情着物

景观着人着物，兼葭苍苍的自然朴拙和伊人在水的情境画面叠加，生动地跃然眼前，为什么芦苇就是凄美的？这里的植物文化属性从何时开始？我现在用皮电穿戴设备研究不同植物带给人的感情愉悦影响，是用身体指标来度量的，看见红花心跳加快了，是自然属性吗？难道不是千百年来形成的文化基因植入和影响？

境与界，观与景，从来都在不同层面，而我们现在当作一个词

我看世界，乃世界在我眼中。心中有山，满眼丘壑纵横。因此物没变，人不一样，看到的不一样。道同，则观同，道不同，不是不想与谋，而是无法相谋。那求同存异可以吗？夏虫不可语冰，蟪蛄不知春秋，夏虫有什么错？蟪蛄有什么错？我们嘲笑盲人摸象，可是我们又有多少人能像庖丁一样解牛？

景观的魅力是要我们走出去看到景观，还是走进去融入景观？既在河上看风景，又是被看的风景画面，由于徐志摩的诗句被传唱，更由于人物的传奇被浪漫化；《红楼梦》里的人物刻画都是跟场景不可分割，黛玉葬花，微风摇曳，春暖还寒，湘云醉酒卧于石凳，芍药飞花，蝴蝶相伴，人物走进了景和物。我们最初对于景观，真的就是于景于观，渐渐地，这一物质不仅有了精神的寄托，更有了大地回春的功。

景观之承载，羽毛之轻泰山之重

中国古代的景观生态智慧，在万物生长的意义上谈天地乾坤。道法自然是第一层级，反者道之动，弱者道之用，对立统一，物极必反，齐万物，齐是非，万物平等的哲学思想更有今天时代的意义。

老子喜欢讲水，"上善若水"成为很多人的网名；庄子喜欢讲风，风成就天籁地籁人籁，声音不同，但它们同源。更大的格局，才能有更宽宏的视野。如何摆脱狭隘？唯有放宽自我边界。

景观的生长过程给予我们收获，而这个收获的过程即是景观形成的过程，难道不是我们对自然索取的过程吗？不能承受生命之轻，难道可以承受自然之重？2021 年 4 月云南大象的迁徙成为全民欢乐的同时，也是对大地的拷问，河南省为"豫"，可能再次名副其实吗？黄河流域会再次成为雨林吗？如果真成为雨林，不好吗？

我们对地球的反馈仅仅是生态修复吗？我们要保护地球什么？从冰川时代到上古时期，从人可以天寿百二到普遍天折短寿，再到我们又可以活过天年，这不符合自然规律？为什么我们预测地球发展要因气候半度之差而恐慌？气温升高会带来地球之灾，还是人类之灾？

景观之交困，何以安身，何以立命？

风景园林学科游荡于人居环境学科群，进进出出，科学还是技术，抑或艺术？随时变换身份。

城市一如人体，我们给每一种景观冠了一个器官，城市绿肺、都市心脏、地球之肾……于是头疼医头脚疼医脚，我们有没有想过，人在亚健康时期脏器都没问题，可是人不健康啦，免疫力下降更是找不到具体脏器的问题。那么，什么是城市的经络，什么是城市的穴位？风水学把道路比拟成河，因为它的流动，作为系统，道路能承担起经络的作用吗？城市景观作为全面覆盖城市的系统，什么是它的皮肤？肺主皮毛，城市之肺如何影响城市肌肤？

中国古代智慧给我们很多启迪。道、法、术、器递进而用，术和器的层面要建立在道的基础上，即全局观的建立，系统观的视野。现代科学可以帮助我们，系统论的思维，大数据的支撑，实验科学的结论，生态学、地理学、生物学、社会学……都能帮助我们，但是不是也都能

禁锢我们？

景观之于人，万物归宗举重如轻

有天文、地文，有否人文？将人放大放空，放到无我无境之状态，一个抽象的人，是不是还会影响景观的发生、发展和结果？

人与自然，人与万物，为我所用还是与自然并置是东西方态度的差别吗？老庄的理论，人与自然的关系是相生相克，他们强调自然之伦理与天地之逻辑，与现代生态学、地理学异曲同工。我们怎样发扬博大精深的中国智慧？

自然对于万物之生命是重视的，赋予各自旺盛的生命力。我们对自然环境的理解和尊重，增强我们与自然的联系，了解自然对人类福祉的重要性，并最终使我们更加意识到人类和非人类世界的相互依赖性。依赖是生物界最大的动能，生态链的存在，是因为有彼此的依赖，依存关系越复杂，生态链越长，系统越稳定。

不忘初心，景观之根本和景观之赋能，是不同时期的不同强调，在几千年的历史长河、几万年的地球变迁中它们一直在共同发挥作用。相辅相成相得益彰，力求发挥最大协调效益，不同生物不同环境也是不同利益群体，和谐才能外部协同；资源有限，方法无限，也是和谐才能内部协同。我们还能做什么？就像问什么是最好的疗愈？是放松心情。

最近在读庄子，偶有所感，是以有上述之说。所学不精，难免断章取义，不为全貌，仅为碎片。此学亦非本人全部观点，我仍以科学立本，哲学树魂。

2021 年 8 月写于津沈高铁往返途中

庞伟

广州土人景观顾问有限公司首席设计师
北京大学景观设计研究院客座研究员
华中科技大学兼职教授
广州美术学院设计学院客座教授

疫中景观

在疫情中，我很好奇景观起到了什么作用? 疫情给了我们打量景观新的视角和感悟吗?

我的一个朋友告诉我，他家住顶楼，有一部分天台可以用来种菜种花，因疫情居家隔离的时候，他和家人常上楼顶种花种菜做做操，还可以躺在躺椅上看看天空，他说在那段时间这个花园太重要了。

他还说，最困难的日子，小区商店货架上没有菜了，他家吃的是自己天台上种的菜。

另外一个朋友家是农村的，疫情的时候，他想办法回了家，每天在故乡的山上田里溜达，还把自己泡在山溪里，他说他那段日子过得特别舒畅，他说如果不是为了生计，就不回城里了。

人到中年最是奔波，因疫情被迫中断了业务和生意而闲下来的某君说，他这时才真正会在自己小区的公园里踱踱步，打量一下自己身边长了哪些品种的树，哪些品种的花草……

还有个朋友说，她在酒店隔离看手机快看出毛病了，解除隔离的那一天，她走出酒店，去了一个公园，阳光透过树叶洒下来，她说自己那时候觉得自由就是你身边有同样自由的阳光和植物。

我还听到一件事，是丽江花园的一个老人告诉我的，不少地方的棋牌室都是室内，空气不好，媒体报道说有人就是在那种地方感染的，但他们都是在户外骑楼下面支张桌子，打麻将的时候四面空透，空气好，遮风遮雨挡太阳，还有风景。

有个做餐饮的，因疫情反复，店关了好几次，再让开也开不了了，这段时间，他也常在小区公园里走走，他说他在思考未来该怎么办? 家里老人孩子的，太吵，他只能在公园里想。

学校停课，孩子回家那段时间，搞视频课，学生作业也要求家长回传，许多孩子一天盯着电脑屏幕，用眼卫生得不到保障，楼下有没有些绿色，能不能眺望远景，能在楼下跳跳绳，滑滑梯，这不是奢望，但对孩子很重要。

退休的某姨，她的社交、运动、爱好三合一就是广场舞，她和舞友们早晚定期出现在江边人行道放大的那个区域，成了一个圈子，也不局限于跳舞，聊天八卦，互通有无，互相帮助。她八卦说，疫情期间，跳舞的异性老人之间有的还发展了恋情。

某友感慨说，以前看穿防疫服的，觉得挺可怕，现在也麻木了，扫码也习惯了，戴口罩也习惯了，天气冷还好，天气那么热也戴，街上的人，美丑都看不见脸，像穆斯林国家的人，看不见女人的脸，就只看得见眼睛。

有个设计公司画效果图，里面的配景人物干脆都画成戴口罩的，令人一时无语。

有人开玩笑说，疫情前出国很方便，什么世界之窗这样的假西洋景逐渐都没人去了，现在去外国难了，出不去了，看不到真的，恐怕又要去看假的了。

长疫漫漫，疫中适合读书，我最近在读以色列作家尤瓦尔·赫拉利的畅销书《未来简史》，里面宣称: 我们不会有大的战争，不会有大的瘟疫，不会有大的饥饿……许许多多乐观思想。还直接说了"人类面对流行病束手无策的时代很可能已经过去了"，作者接着还不忘调侃一句"我们甚至有些怀念那种时代 (指人类拿流行病束手无策)"……赫拉利现在说什么呢? 悲观不总是错的，乐观也不总是对的，赫拉利的乐观现在看看，是个让人笑不出来的笑话。

类似的畅销书还有《世界是平的》，作者认为在全球化中，有供需关系的生意伙伴和国家集团之间的战争是最糟糕的，是可以避免的。我希望他对。

小区的泳池时而开放，时而关闭，开放的时候少了，我就越发珍惜这一池水，早也去游，晚也去游，即使是疫情期间，夏天还是被晒得黑黑的。

泳池的救生员和我聊天，他在钟村开个五金铺，生意一般，夏天来做救生员，十月泳池关闭了回去。

物业管理员说，当初这个小区做了一大堆水景，水景里还养了不少大锦鲤，还有跌瀑，一拨拨人来参观，没用，成本昂贵，现在都关闭了，就泳池保留下来了。

疫情没完，郑州又涝了，我们这里几年前刮台风也涝过，小区的地下车库淹了，车一定要上保险，不上保险，一台上百万的车，给水一淹，听说就值个二三十万了，损失惨重。

人间有灾，但偏偏今年的天特别美，广州的天，有时乍一看像是青藏高原，白云朵朵的。昨晚从丽江花园出来，晚霞瑰丽，映照珠江，恍如幻境。

这两年的不少会，都改为视频会议了，本来开会的一大好处，就是见人，人和人能面对面交流沟通，是人间的乐事，会后晚辈们还会把酒言欢，不亦乐乎? 但现在这些个乐趣不再，对着个屏幕开会，说话看不见人们的反应，十分难受，聊胜于无吧。

有个会上，某地政府推崇高品质城市、高品质景观，我就问，什么是高品质? 这个一定要问，那些正常的、日常的、平常的东西是不是你们心里的高品质? 如果不是，高品质可能就是一个魔鬼，一个歧途。

我要承认，这是我平生最没有安全感的时刻。疫情期间，面对病毒的威胁，种种负面的信息和生活的不便……我们可能因此获益的，是可以思考什么是我们不可或缺的? 什么是特别宝贵的? 而什么，是不要也罢的，是可有可无的。

我们都一起想想吧!

写于 2021 年七夕

李宝章

深圳奥雅设计股份有限公司董事长、首席设计师
深圳大学兼职教授
北京林业大学与西安建筑科技大学客座教授
加拿大注册风景园林师，研究方向为风景园林规划与设计

寻找中国的现代景观

中国社会已经到了一个生活方式、创意思维与生活态度全面转变和提升的新时期，在这个新的发展过程中，我们应该看到中国文化传承中独特的人文精神与家庭、家族之间的温情。自古以来"桃花源"就是中国人的居住理想，《桃花源记》所描绘的场景自然、生动，充满了世俗生活的情趣，这正是高度自由与商业化的西方社会所缺乏的。中国有六千多个国家级传统村落，实际上这些传统村落空间与"桃花源"已经为现代城市空间提供了理想生活的原型，共同营造"黄发垂髫怡然自乐"的美好生活场景，用景观赋予生活诗意和精神力量。因此，中国的现代景观不仅应该遵循生态、自然的可持续原则，还要秉承时代精神，营造兼具社会性、地域性和艺术性的空间，给人们带来归属感和家园感。

"景观大爆炸"

"景观大爆炸"这个比喻借用了美剧《生活大爆炸》的剧名，虽然这个比喻不一定完全准确，但是在我看来，我们的行业正在经历着类似的"爆炸与重组"。如果以1998年为起点，中国的居住景观可以分为三个阶段。在第一个阶段（1998—2008年），世界各地的景观风格都能在中国找到自己的一席之地，英式、法式、地中海风格、西班牙风格等各种各样的风情景观层出不穷。在第二个阶段（2009—2018年），人们对于生活环境有了更高层次的需求，我们开始注重现代性与文化传承的结合。这一诉求催生了新中式景观，其本质上是一种具有中国文化内核的现代居住景观。在中国的语境下，新中式为现代景观找到了情感，营造出中国人能够看懂和体会的意境之美，也因此盛极一时。

中国的景观与中国城市建设一样，在过去20年得到了长足的发展。当中国城市化的进程过半，我们迎来了中国居住景观的第三个阶段（2019年至今）。为了满足营销需求，原本以"价值感"与"展示体验"为导向的展示区，已经沦落成了装置艺术与"消费景观"。展示区不断营造噱头，追求即时效果与视觉冲击力，

千奇百怪的风格与一成不变的抄袭共存。尽管当下的居住景观表面看上去绚丽多彩，实际上其内核却处在支离破碎的状态中。就像恒星失去了内核会分崩离析一样，居住景观也因为内核的燃尽开始"爆炸与重组"。任何在销售任务完成后会被拆除的景观，都不是"真实的"。我们必须离开景观设计的形式与风格，在内容与理念中寻找景观的新语境与新内核。如果"景"是社会的景，"观"是文化的观；那么，"景"就是我们眼睛看到的图景，"观"就是我们内心认为居住景观应该成为的样子。景观应当从"真与善"的角度面向生活本身。

场景革命：面向生活，聚焦创新

随着互联网信息技术的快速迭代、商业形态的不断更新和消费社会的高度发展，以往社会形成固定模式的各类日常生活场景发生巨大变化，这就是人们所说的场景革命。新的体验需求引发了新场景的创造，新的生活方式也伴随着新场景的流行方式。场景革命中的

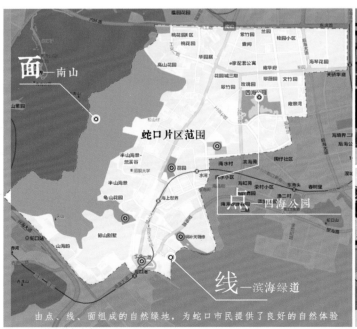

由点、线、面组成的自然绿地，为蛇口市民提供了良好的自然体验

图1 蛇口的自然与人本

街道夜景

慢生活

东角头街心公园

贩卖空间

图 2 洛邑古城

场景是面向生活的全景覆盖,包含着社会运行的历史、文化内涵等多个维度的记忆和记录。若是把景观项目当作一种商品看待,场景革命的实质是人们对于景观的需求从"从存在到拥有(being into having)"变成了"从拥有到展示(having into appearing)"。但有别于商业领域,景观行业的场景革命旨在通过景观环境的场景营造,增强人们的体验感和参与感,唤醒人们对生命、生活与世界产生新的认识。

一方面,现代景观在场景革命中要从市场的角度出发,找到适应和发展的方式;另一方面,景观不能只追求形式与视觉,而是要进化成为面向生活的、聚焦创新的、有文化内核的景观。从长远发展的视角来看,一味地追求时尚潮流的景观作品最终都难逃过时的命运。用最简化的形式承载最强大的实用性功能,才能达成永恒的卓越。告别"消费景观",面向生活,我们迎来了生态优先、社区人本、时代精神、地方风格、产业融合与艺术创新的景观新时代。

生活的诗意与艺术的共鸣

"生态优先,社区人本"
"生态优先,社区人本"这个内核来源于人类社会对于景观的本质思考。"设计结合自然"是生态景观设计的核心理念,这一理念从 20 世纪 60 年代开始极大地促进了发达国家景观行业的发展。但是作为拥有世界 1/5 人口的大国,我们的很多设计依然与生态理念背道而驰,仅仅将其作为宣传的标语。例如很多居住景观仍需要移植大树,在干旱地区设计水景,仍用"打吊针"的方式维持植物的生存。

人本在景观里是为和谐社区而设计,人是社会性的动物,景观设计应该尊重人的社会性。景观的"社会人本"与中国文化中"以人为本"的理念一脉相承。"社区人本"是我们的初心,为大众而设计是奥姆斯特德

图 3 南头古城

(Olmsted)创建景观建筑的初衷。在这一理念的指导下,我们能够更快、更好地实现儿童友好城市、无障碍出行以及美丽乡村等美好的愿景。生态与人本,理应超过一切,成为我们这个行业的核心价值观。

当然,中国也有很多符合"生态优先,社区人本"这一社会价值并充满善意的城市空间。例如我居住的深圳南山蛇口,这里有自然的元素与多元的文化,也有尺度适宜、具有活力的公共空间(图 1)。在这里你可以花 28 元买杯咖啡,也可以花 7 块钱吃一顿很好的早餐。老街上的商家为蛇口人民提供了长达几十年但价格实惠的优质服务,我们在这里可以配到最好的眼镜,买到新款的儿童服装,吃到最可口的北京烤鸭、深井烧鹅与广东早茶……这里兼有自然与人本,本土

与现代,平凡的生活与精彩的社区文化。我越来越认识到蛇口的美丽,它的美在于再生,在于发展,在于铭记历史与时俱进,在于不让山水消失,在于人和人、人和自然的和谐共处。

时代精神,地方风格
我从1997年开始在国内从事景观规划与设计的实践,当时景观行业受到西风东渐的影响,社会主流的态度是住洋房、看洋景观,导致大量西方古典或现代的风情景观的出现。但是西方的"现代主义设计"是以形式服从功能的工业设计为基础的、适合大规模生产的、工业化的产品设计,我们在实践过程中发现它并不能满足中国人的使用需求与审美需求。并且我们清楚地认识到景观一定是为某个具体地域的、具有不同

图 4 佛山保利·天玥

的生活习惯与鲜明文化特色的居民服务的,每个地区与每个民族都应该有符合自己风格与审美取向的现代化。我们的现代景观既不能照搬自己的过去,也不能照抄西方的经验。我们面临的问题是怎样传承自己的文化,找到适宜、好用、自然的,具有地方风格与时代精神的现代景观。

面对这一问题,我们找到的实践路径是"不分西东,以我为本,以世界为用"。"知行合一"地在实践中探索,在思考中不断实践。当两个不同体系的思想相遇时,都会经过混合与融合的阶段,并最终在使用者的主导下产生化合作用,从而产生出像岭南园林与南靖土楼这些全新的事物。因而,景观的风格一定要遵从中国各地地域文化的文脉与审美。即所有的景观都是文化的景观,所有的城市与地域都应该有反映自己的自然特色、文化传承与生活方式的现代景观。奥雅在过去的 20 年里一直坚信并践行着这个信念,从早期的洛邑古城(图 2)、无锡清名桥南长街历史文化街区,到近期的唐山皮影乐园、洛阳九洲池、深圳南头古城景观(图 3)的提升与改造……这些都是受到社会与业界好评的文化景观。

产业融合,艺术创新
时至今日,经济发展仍然是城市与乡村发展的基础,产业应与城市、乡村融合发展,通过不同产业相互渗透与交叉,最终融为一体,逐步形成新产业。城市没有产业支撑,即使再漂亮,也就是"空城";乡村没有产业支撑,即使再美丽,也会变成"空心村"。如果说经济与产业是诗意生活的基础,那么艺术创新是诗意生活的灵魂。2020 年 3 月,在大家由于疫情足不出户的时候,我在新西兰滞留了 30 多天,这个孤悬海外只有 400 万人口的地方给了我许多启发与思考,其中最重要的一点是让我认识到艺术是创新的原动力。

童寯老先生在他毕生心血之作《东南园墅》中阐述了中国园林与艺术的关系,根据我的理解,大意是说中国园林作为一种艺术需要,艺术的宗旨就是美与"赏心悦目"。艺术给人们正在体验的物质世界带来"秩序"与"意义",艺术会让人们对物质世界的认识更清晰,从而增强人们体验的力度。我们渐渐发现公共艺术

作品会给社区空间带来艺术的欢乐与生活的诗意,在近期佛山保利·天玥新生活艺术街区的景观营造中,我们与中国美院公共艺术系教师、知名艺术家施海老师合作展示了许多他的艺术作品(图 4)。这些作品的创新力、亲和力与艺术感染力让整个空间熠熠生辉。

面向未来
我们正处在科技不断更新迭代的环境中,我们的一生将见证过去所有古人所经历社会变革的总和。目前我们在创作卓越景观的过程中,最大的挑战是预见未来可能会遇到的挑战。那么面对行业的未来,现代景观究竟又有哪些切实可行的方法论?基于本人过去 20 多年来亲身参与的一系列设计实践,以及长期以来对中国各种城市空间的观察,我认为有以下几点。

第一,要好用。景观的功能一定要和人产生社会关系。空间是社会关系的容器,所以空间的设计必须考虑人的使用。好用的社区应当是有历史底蕴和文化认同的、人性化的空间,好用的公共景观也是如此。仔细研究历史上中国老公园的变迁和使用状况,会发现在过去的 30—100 年里它们变得越来越实用、越来越好用、越来越接地气,好用与人本才是这些老公园经久不衰的第一要义。

第二,得耐用。景观的大样要做得大方、朴素与结实。随着我国城镇化的快速增长,中国的景观空间相对于大量增加的城市人口是远远不够的,景观必须要经受得住长时间与高强度的使用。由于不耐用而造成的损害或维护成本过高,会造成一定程度上的资源浪费,并且有违建设美好生态环境的初衷。因此,我们需要不断提升景观的持久性和耐用性,实现可持续发展。

第三,需要有艺术性。作为风景园林师,我们要回归自然、回归文化、回归生活的诗意,用艺术性、故事性与个性的情感驱动当下的景观设计。用艺术给世界一个全新的视角,给场所一个个人的情感,给形式一个全新的做法,让生活的诗意与艺术产生共鸣。

第四,能够供多种人群的高效与叠加使用。举例来说,一个广场空间可以用来集会与进行集体活动,也可以

用来踢球、打太极、写"地书"或者跳广场舞。为什么中国的公园会被使用得如此充分?因为中国是熟人社会,并且人们将公共空间视为自己"家园"的一部分。具有丰富层次的服务内容、覆盖多重情感共鸣的景观空间,才能提高人与人、人与自然之间的互动频率,激活社区运营,恢复邻里关系。实现和谐环境的共享和共建。

第五,应该有社区认同感,或者说对公共空间有稳定的情感。公共空间是中国普罗大众的"第三空间",在公园周边居住一段时间后,人们会自然而然地形成自己对它特定的使用方式、审美取向与活动组织特征。广东人过年时会在公园里做花市,恰恰印证了这一点。

作为总结,我认为中国的现代景观必须与人类共同的未来接轨。我们应该回到景观行业的初衷,为我们的社会提供更多自然人本的、艺术多元的、具有时代精神的现代景观。并通过规范行业的无序竞争,反对抄袭,鼓励原创,以此为景观行业缔造群星灿烂的未来。最后,我还是要回到我生命中的那件大事:让我们继续一路同行,寻找梦想中的"桃花源"与理想中的"现代景观"。

孙虎

广州山水比德设计股份有限公司董事长兼首席设计师

刍议景观的运筹学逻辑

前言

在景观设计这一途，从山水比德成立起，新山水于我而言便是一以贯之的设计方法。以传统文化为基础，回应现实形势，在点面层面建立系统思考；以创造性转化为使命，探索古今理论，寻找一条既符合当下中国又能走向世界思潮的景观之路。

达成目标固然困顿重重，不过这不是放弃之由。也因路途漫漫，所以在思考过程中，新山水明显是弹性的。毕竟，任何理论都无法包罗万象。新山水有自身的核心阵地，也随外部环境变化而持续性演进、迭代和发展。我想这一点对于理解与应用新山水，是先决性的觉悟。

核心阵地，实际指新山水理论所包含的文化、社会、生态和经济价值。文化价值的一面，我在将付梓的《迈向新山水》一书有所建构。这是一本代表回溯性宣言的著作，沉吟数年，凝思深构，初步立起了基于自身实践的景观营造的理论与方法。当然，在落笔之前，新山水已经在由雏形逐步被雕琢了，从理论1.0到4.0的不同版本均已面世，这是该理论在应用层面的动态发展与体现。

以山水总体剧场为例，它是新山水的4.0版本：在山水围绕的舞台中，人能自在踱步，相顾攀谈，诗意栖居。其创新主要体现在三个层面：空间塑形层面，即消除专业之间的藩篱，打破建筑、景观、室内等学科间的壁垒，整合人居环境营造的多个学科；设计师的身份层面，景观人将担任总设计师的角色，综合协调建筑师、规划师、艺术家、舞蹈家、生态学家等专业人员，共同实现总体剧场的营造；观者参与层面，试图通过汇集丰富的剧场性知觉，激发使用者体验到一种有关总体的艺术。山水总体剧场是新山水，也不完全是，两者始终保持着整体与局部的内在辩证关系及结构性联系。

在这条路上继续行进，笔者尝试进一步提出新山水的5.0版本：景观的运筹性思维。新山水1.0到3.0注重的是从空间品质到内容的塑造与呈现，4.0强调的是借由专业协作达成总体经验与感知。他们大多围于空间塑造，而且总在"横向"上发展构思和设计，实现更美、更生态和更宜居的落脚之处，在物质空间的层面上。而抛开设计维度后，笔者的一个思考是，能否在"纵向"上释放景观赋能功效的内在潜力？这是本文将要讨论的，也即5.0——景观的运筹性思维。

景观的运筹性思维

运筹，古今含义稍有不同，不过在这里我们不辩义明字，毕竟它的内在创造力并没有被时间削减。大家熟知的"运筹帷幄"，指的是作战方进行策略布置，以获得战争胜利。景观的运筹性思维就是把战略性纳入景观建造的过程中，景观不再以装点之态被看作是一种末端产品，也不是静态的空间形式。而是涉及众多战略性策略，景观跳出了原有的专业边界，发挥更具生产性的积极影响。

现代的运筹学主要分布在物流、金融、应用数学、系统工程、管理学等学科之下。虽然有众多交叉，但运筹的核心指向的是一种精确的操作管理，这与我阐述的景观不谋而合。景观应超越前列的保守认知，上升到更高效的操作模式，具有切实社会价值。这既需要足够的田野调查和数据分析作为基础，还需有精准的问题意识，在整个生产流程层面上把握和管理景观这股暗含创造力的能量。

据此，笔者提出四点内容，去探索一种能够回应当前城乡建设的可行路径。首先，建立一种景观意识，平衡空间造型（spatial configuration）与战略性操作（strategic operation）；其次，充分调动居民在社区和公共空间中的主动参与性（participating agencies），把空间正义当作景观所能承担的主要社会影响因素之一；再次，要认识到，景观在空间生产（spatial production）维度上具备相当大的经济价值；最后，实现景观调查、策划、构思、设计、管理和运营的数字化体系（digital platform）。

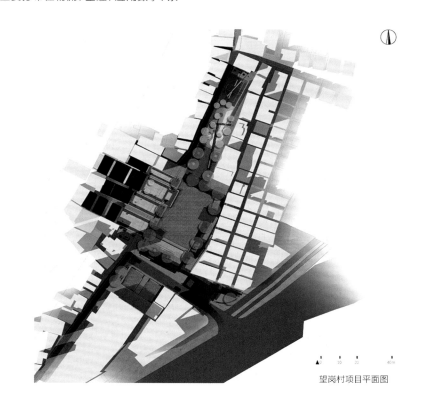

望岗村项目平面图

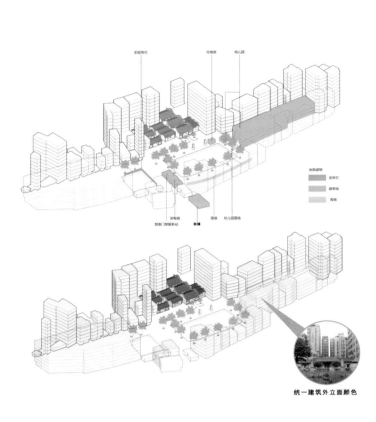

望岗村项目"重塑空间"分析图

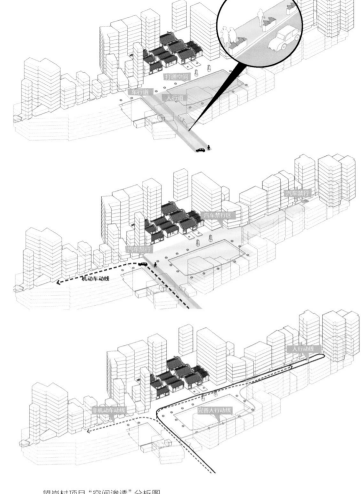

望岗村项目"空间渗透"分析图

景观的运筹性思维的基础逻辑依靠空间造型和战略操作之间的双重变奏,这源自近年出现的双向批判。在风景园林行业中,反造型和美学的声音从不停歇,他们主张景观应有更广阔的伦理使命,在风景园林师以俯视之姿态与视野处理专业问题。但是空间造型、美学和文化层面的内容,并不因实用主义的大行其道而失去呼声,还有另外一种声音。他们把景观专业的人定位成空间造型师,支持空间造型,重新恢复景观设计的专业核心功能。

而当下,我想,设计师有必要突破这些固有认知,打破围墙,再行反思,将景观的本质当作一种综合性运筹,这时空间设计就仅是其中的一环了。我们有可能同时强调景观的造型和运筹,支持景观的运筹性并非要拒绝美学造型,而是要重塑景观更大的赋能价值。景观的运筹性思维通向的是"景观的战略性排兵布阵"。而在此基础上,参与性模式下的空间正义、经济价值逻辑下的空间生产、数字平台体系下的设计管理构成景观的运筹性思维的具体内容。

众所周知,20世纪的空间关注点从三维静态转向了公平公正,根据地理学家大卫·哈维以及社会学家迪克(Mustafa Dikec)等人的论述,景观的空间正义聚焦在以下几个部分:1)由空间本身的公平迈向生活于空间中的民众的公平,把民众所获得的基础服务、生存方式和社会结构合理性等因素纳入评价体系;2)不再以普遍的身份考量空间正义,而是把差异性和多样性的主体作为主要标准,同时把不同年龄的、阶层的、差异化的民众需求纳入进来;3)把空间中发生的点点滴滴的事件作为正义的因子,从空间的宏大叙事转向平凡的日常生活,以微观的人性视角重新审视微观生活领域;4)将景观空间正义的重心重新安置在能维持平衡的边缘空间,一定程度上扭转中心与边缘的关系,从而部分提升边缘区域与人群权利的相关权益。

空间生产(the production of space)是法国著名社会理论家列斐伏尔提出来的核心概念,并且把空间纳入马克思主义的辩证法中,从而形成时间—空间—社会的三元统一论。这样,空间不再独立于生产关系之外,空间本身就是生产关系的现实载体。于是,空间生产就与社会形态演变建立了本质的内在联系,那么,以设计为驱动力,就能把景观纳入空间生产的社会经济综合体中。

空间生产的过程还能继续深入探讨,即空间能够同时被感知、构想和生活,产生三种对应的空间类型:空间实践(感知层面)、空间的再现(构想层面)、再现的空间(生活层面)。如果说,空间实践是第一层次的空间创造,而空间的再现是空间实践的知识反馈和理论归纳。那么,再现的空间是更高级的空间再创造。而景观设计师就在空间生产的层面上,一方面利用设计的经济创造力重塑社会形态,另一方面还进行着生活方式的营造。

数字化的系统管理,有两个方面。第一,建立景观信息模型(LIM),通过数据掌握前端的信息,制定问题的解决途径,构建智慧化设计场景。第二,后端的运营和管理。将景观的介入活动实现信息化和数字化,任何调整都能在体系化的管理模式中看到可能的间接影响。

为使读者更清楚景观的运筹性思维,笔者以广州望岗村的改造为例,试着将理论概述进行项目深化,从而初步探索这个新的景观概念。

运筹性思维在广州望岗村社区改造中的具体应用

望岗村在广州市白云区嘉禾望岗地铁站附近,是当代极具代表性的城中村。围合的开放空间基地范围约6200平方米,包含了望南黎氏大宗祠、风水塘、广场和街边绿地等。

望岗村是中国城市化浪潮中典型的遗忘空间,这个热闹市井可以用脏乱差来形容,但它也有深厚的文化底蕴、亲密的邻里关系和有机的空间肌理。如今的望岗村,已历经城市化洗礼,被钢筋混凝土包围,村内的环境设施也颇显破败,这是一种"被割裂的"混乱。在这个项目中,笔者尝试恢复这里曾经的荣光与生机,重塑精神诉求。

在运筹性思维的指导下,注重空间造型与战略性操作的平衡。建立两者平衡,首要策略是并举空间塑造和过程性(即后面将要论述的空间正义和空间生产)。

望岗村廊架实景图　　　　　　　　　　望岗村廊架效果图　　　　　　　望岗村居民休闲活动

在空间塑造层面上，采取在地性策略和缝补性策略，把文化记忆编织到当下的时空综合体中。

具体来说，有三种设计策略——保留、挖掘和转译。保留——针对场地旧有的构造物，比如望岗村的祠堂建筑群以及祠堂前的青石板路不对其进行任何更动，反而利用与旧有青石板路类似的材质，统一祠堂前广场的铺装，使祠堂与环境在视觉上浑然一体。挖掘——黎湛枝是末代皇帝溥仪的书法老师，而采访中发现居民对此事知之甚少。理所当然地，黎湛枝的书法成为场地文化挖掘的有力支点。转译——场所文脉在实体空间中的呈现往往需要经过对内在结构进行分解，我们选择对黎湛枝的书法笔画进行解构，同时抽离岭南祠堂建筑的细节，将书法笔画转化为墙、柱、拱、廊等构筑物，在场地中形成层层进深的空间。

在空间正义的维度中，我们采取了居民参与式的战略性操作以回应。在项目中，设计师的主导部分赋予了居民意见。因为真正的空间正义不可能产生于设计师的主观判断，也就是说，尽管空间造型很重要，但民众的基本生活和活动诉求才应最大程度纳入方案的构思中，让民众真正为自己代言。

除此之外，为了破除空间的总体化，还引入了"定制化建造"和"共享社区"，最大程度考虑民众的基本需求。空间造型的完成并不意味着景观营造的结束，反而是景观项目的开始。通过共享社区的持续性建造，让周边居民不间断地投入社区的建设、维护和管理，这样才能让人们真正地栖居在望岗这片土地上，不再仅仅是局外的观看者，而是与这块开放空间密切建立身体关系的执棋人。

通过"参与"，一方面降低了"自上而下"的单项输出，另一方面又规避了"自下而上"缺乏专业性的问题。在客户、专业者、使用者之间形成一个动态平衡，发挥各自的优势，使方案尽可能契合多数人的需求。景观设计师在其中褪去了"一家独大"的控制角色，反而逐渐隐退为幕后的导演，这是当今设计师转变职业角色的体现。只有这样，空间正义的实现才不仅仅停留在概念上，切实的参与让它以公平民主的方式成为

空间的有机组成部分。

再次，在空间生产的层面上起初就越过传统设计思维，试图与潜在的经济效益建立某种关系。在场地走访后，我们看到，不仅社区自身拥有着社会活力，而且那些临街的小商铺也散发着自身的热情。如果景观设计只是造出一处好看的空间，就违背了设计原有的赋能价值。

在这块半围合的场地中，如何处理景观与建筑之间的临界空间，如何在局部的边界区域设置相应的空间以激发小商铺的潜在使用，就成为这个设计的重点关怀。由于场地的地理位置和尺度，我们并没有操之过急地去设立特定的宏大目标，而是以游击战的途径，通过点与点的弹性空间吸引商家的入住。同时做出符合本地需求的小型商业类型的策划。这样，空间营造就可能刺激经济发展，从而让景观空间转变成一种吸引资本注入的引擎，实现空间自身的生产和创收。

在数字系统的层面上，深度释放且应用数字生产力，用大数据洞察用户痛点、孪生现实、定量循证、智能

化设计、链接产业资源、智慧化管控和运营、评估景观绩效等。通过问卷、访谈等形式不同程度地与社区居民、社区管理者沟通，希望在诉求层面洞察每一个诉求。在方案论证阶段，政府管理者、外部的专家、设计师还有当地居民会持续沟通，这些资料将会建立相应档案进行统一管理。而且，民众的意见并不会随着景观营造的完成而束之高阁，反而通过详尽的景观绩效评价，在不同的阶段对场地进行生态、文化、社会和经济层面的评估，实时做出局部调整，持续发挥景观干预力量。这一切都有赖于体系化的数字系统的确立。

展望

在当下这个不确定的疫情时代，事物好像已经失去唯一解。未来的景观将要走向何处？答案也许没有，但可以肯定的是，景观人必须以全新的思维看待、构思、处理和建造周围的世界，运筹性思维虽然不是唯一有效的途径，但也许能在现阶段发挥自身的功能和创造性。

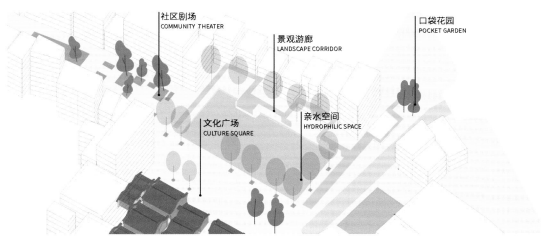

社区剧场
COMMUNITY THEATER

景观游廊
LANDSCAPE CORRIDOR

口袋花园
POCKET GARDEN

文化广场
CULTURE SQUARE

亲水空间
HYDROPHILIC SPACE

望岗村项目空间分析图

李中伟

Lab D+H 创始人、创意总监（上海）
上海交通大学设计学院风景园林系实践导师
美国景观设计师学会会员

一个后辈眼中的景观的公与私

从 2016 年到 2021 年，作为一个景观行业的后辈，我发现景观的公与私的对立与隔离越来越强。虽然偶尔有地产的才俊去学院里做联合项目，也有很多的学术大咖为地产的发布会站个台，但是这种公与私在风格上、思想上早就显得貌合神离了。

说实话，作为一个后辈，我了解景观到底是什么花了很久很久，慢慢地从中发现了一些有趣的故事，这一切都要从景观的来源说起。私有景观的来源是众说纷纭，现在也捋不清楚，估计过一阵哪个古墟一开挖，历史又要往前推。其实，部分浅显的中国景观是来自画。古人和现在的人一样，喜欢游山玩水。但是那时候基础设施不好，我想去黄山，可能还没到达目的地就已经"挂"在路上了。并不是所有人都像苏东坡一样生命力旺盛，运气还好，所以才有了徐霞客、黄公望等旅游家和画家。他们去跋山涉水，然后画下来再卖给想要的富人，才有了第一条从设计图到效果图的产业链。而第二条产业链就是造园者他们其实很简单，大多就是把画中看到的山水造成园，一模一样。所以才会有亭子，如画的太湖石等很难解释的风景，其实就是对抽象后的山水画中的悬崖峭壁一五一十的模仿。慢慢地形成了传统，也有了说法。而公共景观呢，很多的说法都指向世博会的水晶宫和欢乐园，因为在此之前园子很难是公有的。虽然贵妇们喜欢游园会，皇家私家都有园林，但这不是公共景观。而世博会后，所有的市民都可以盛装游园，形成了一种新的风尚。英国的海德公园、日本的上野公园等私家园林公共化。再慢慢地才出现了建设一个全新的公园的想法。然后才是奥姆斯特德的中央公园的故事。但是从这些故事中，我们可以看到，景观的公和私，其实界限是极为模糊的。

不知不觉到了如今，公共景观和私有景观不再简单地定义为大公园和私家园林。而他们的设计者，也渐渐地分化为大的设计院以及只做地产项目的商业事务所。而当下最大的冲突就是公共与私有在共享一个城市。以前空间大，所以矛盾冲突不明显。现在空间有限了，冲突就强烈了。 而中国有一些景观设计师在同时做两种类型的项目的时候会更明显地感受到这种矛盾的激烈程度。我们既幸运又不幸。幸运的是我们

是少数同时处理这两种类型的事务所，而不幸的是，我们真的在这个过程中被逐渐地撕裂。

在设计方式的传递上，我们感受到了一种设计方法上的分裂。在处理公共项目时，我对公共景观的理解是生活方式的容器。如果我们看向建筑，我们就会发现建筑的功能是确定的。在卧室里就是睡觉，在餐厅里吃饭在会议室里开会就算是发挥空间最大的美术馆，他的功能也是被界定得很实在。而景观恰恰相反，景观往往是一个"无用空间"。人们无法对一个具体空间有一个完整的定义。也就是说，在这种"无用空间"中，人的活动会随着时间发生变化。一块简单的草坪，白天可能是午睡的所在，到了晚上可能就会成为一个热闹的电影院。而到了冬天，它也许又会变成一个滑冰场。就是这种击穿时空的巨大不确定性，造就了景观与建筑截然不同的发展路线，不是建筑设计般简单的线性思维，而是随着时间变化将新的生活方式不断地注入场所的社会行为。作为一个景观设计师，我对景观的理解发生了一些变化，从早期恨不得把一切的功能落在实处到现在对于空间设计尽量弹性化的"难得糊涂"差不多花了 10 年的时间。而在面对很多地产景观的时候，一切的发展截然相反。我感受到了 2016 年从早期对于开放场所的营造，一直到现在退化到设计师必须在设计时事无巨细地在每一个空间中落实编排好的"标准化生活场景"。可能性逐渐被确定性淹没。

这种公私对立甚至延展到生态的对立，这种对立显得空前激烈。公共项目拼了命地恢复自然，疯狂地种树，做修复。一个生态恢复的项目比一个城市公园的项目就更容易拿到建设经费。而反观地产，虽然口号上还是自然自然的，但是硬铺的面积越来越大。虽然口头上吼着展示区永久化，但是绝大多数的展示区建筑还是违建的这种分裂使我们有的时候分不清是真是假。

在审美上，铺张浪费的公园越来越少，公共项目的手法变得越来越简单。系统性的规划逐渐成为主流。城市绿道、郊野公园慢慢像触角般占领城市郊区，这也许来源于政府越来越务实，经费也变得有限。但是在地产行业中，似乎是另一番景象。琴棋书画，风花雪月，

大多的设计灵感还是来源于这种士大夫的情怀。可是，真正的老百姓有几个对这种高山流水的设计概念感兴趣呢？有几个人每天回家非要把自己搞得和太子登基一样呢？可是做设计还是非要如此。因为大多数决策者的思维还停留在那个地产井喷的年代。在那个年代，客户需要更多的"文化"去弥合空虚感。而现在的主要矛盾更像是公共性和私有性争夺城市的战场。

作为一个后辈，我更想从客户的层面上分析为什么公与私如此对立。公共项目的客户就是政府，政府的要求很简单，就是要让老百姓过上幸福的好日子，所以公共性、平权、自然生态修复，都是非常重要的得分点。政府嘴上说的，就是手上做的。虽然市政项目偶尔不如地产精致，但是出发点和终点必然统一贯穿。而地产，往往还要看向 KPI（关键绩效指标），虽然有很多优秀的地产项目出现，但是归根结底一切都是生意。所以，营造量越大，地产就会赢利越多。而有的时候自然和营造本就是冲突的。一块空地，种草没有用，铺上地砖就是空间。一条河流的净化，只有花费更大的精力和财力，设计建造才会对自然伤害最小化。这条中间的沟最后还是落在了钱上。用钱生钱，还是赔本赚个吆喝，成了困扰每一个企业的难题。

赖文波

华南理工大学建筑学院副教授
GVL 怡境国际设计集团总景观师

新冠防疫与气候防灾——2021年景观命题

2021年即将过去,其命题已然明确:新冠防疫与气候防灾。

新冠防疫走向后疫情时代

2021年的新冠防疫虽然没有2019年来的那么突然,但新冠防疫的常态化成为我们生活的一部分,后疫情时代呼之欲出。2019年末突如其来的新冠疫情,彻彻底底地改变了我们的生活轨迹。新冠发生两年多,全世界依旧没有摆脱新冠疫情的困扰,不少国家的疫情甚至还越发严重。我国将疫情防控力量向基层下沉,把社区作为抗击疫情的基本单元,对控制疫情传播做出了巨大贡献。随着我国的疫情防控机制的不断完善和新冠疫苗的接种,疫情在我国已得到了

初步控制,大众心里的恐慌正在逐渐消失并开始期待摘下口罩自由呼吸的日子到来。随着公共空间的逐步开放,相关的防疫安全措施也开始融入我们的日常生活中,如排队时保持一米的"安全距离"(图1),一日多次的消毒工作(图2)等,我们在尽一切可能降低病毒传播的风险。在新冠疫情的冲击下,关于如何应对突发公共安全事件的探讨开始不断涌现,公共空间安全防范成为后疫情时代人们越发关注的话题。

对于新冠肺炎这个不知道会困扰我们到何时的问题,身处后疫情时代的我们需要有更完善的应急管理预案。尽管当前我国在疫情防控方面已取得了喜人的成果,但就我个人的亲身经历而言,整个城市的防疫体系建设还存在着许多不足的地方。在新冠疫情的

冲击下,"把社区作为防疫基本单元"这个概念越发重要,核酸检测工作和新冠疫苗接种工作大多是以社区为单位展开的。社区医院、广场、道路成为开展这两项工作的主要场所(图3、图4),从一定程度上来讲这些空间已经成为临时性的应急避险场所。但目前仍未有关于这些场所的应急管理办法,并且大多数社区医院在规划设计之初并未考虑疫情管控方面的内容,在核酸检测和接种疫苗的过程中可能会存在着交叉感染的风险。因此,在后疫情时代,完善的应急管理体系对于保障整个城市的公共健康安全有着重要意义。

图1 一米的"安全距离"(来自新华网)

图2 日常的消杀工作(搜狐网)

图3 在社区医院前接种疫苗的人群(浙江新闻网)

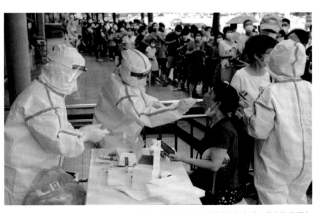

图4 在街道上开展的核酸检测工作(凤凰网)

气候防灾迈向全面应急防灾体系

2021年的7月20日，全国"抗疫战争"仍在进行，河南郑州地区同时又遭受了千年难遇的特大暴雨的侵袭（图5）。雨水淹没了道路，涌入隧道，灌入地铁车厢，整个城市的交通系统几乎瘫痪，无数的人被困在出行的路上，这场突发且罕见的自然灾害牵动了全国人民的心。如今，尽管雨水已经排去，但暴雨给我们带来的悲伤无法消失，关于城市应急管理体系的反思也不断涌现。

图5 暴雨中的郑州火车站（界面新闻）

从整个自然界来看，人类似乎处于顶端，可以随心所欲地改造自然环境的一切，但事实真的如此吗？随着认知的不断增加，我似乎越来越能感觉到我们在整个自然中的无力，虽然我们拥有着其他生物目前难以企及的生产力和创造力，制造出了许多令我们人类自己都觉得不可思议的产品，但是就在我们觉得一切都为我们所用时，自然会发出一些"声音"让我们回想起我们只是寄居在地球表面的物种之一。自然灾害作为自然界系统循环的一部分，我们永远无法阻挡自然灾害的到来，我们是被动的。但我们在面对灾害时所采取的行为是可以主动的。随着科学技术水平的不断提高以及相关灾害监测部门的设立，我们现在已经可以预知大部分灾害发生的时间和地点，相比以往我们拥有了更加充裕的疏散时间。但在发生灾害时，有关部门如何应对？群众如何疏散？疏散到哪里？这些问题依旧还没有完整的答案。另外，除了自然灾害以外，近几年来全球公共卫生事件也愈加频发，病毒传播已严重威胁到我们的生存与发展。自2005年世界卫生组织（WHO）制定全球公共卫生条例以来，短短16年里就已经发布了6次全球进入卫生条例的声明。由此可见，公共卫生防控体系建设刻不容缓。在灾害类型越来越多样的背景下，城市未来的防灾体系必须从单一走向全面，从综合防灾的角度来思考城市应急管理体系的建设内容。

我国气候地貌复杂多样，城市灾害具有灾种众多、灾害发生频率大、灾害损失严重的特点，"灾害"一词一直活跃在我国的讨论中。随着人们对于生活品质的需求不断提高，城市的防灾减灾能力也日益被需要，那么我们的城市真的做好准备了吗？城市防灾减灾体系的建设是我们抵抗灾害的重要手段，但就目前应对灾害时的表现和灾害发生后的处理措施来看，尚未达到全面性和体系性的要求。

我国是世界上自然灾害最严重的国家之一，气象灾害的损失占所有自然灾害总损失的70%以上，特别是近几年全球气候条件逐步恶化，自然灾害发生的频率

越来越高，每次灾害对人类社会所造成的影响也越发巨大，城市对于气候防灾的需求越来越迫切。本次7·20郑州特大暴雨事件便充分暴露出城市防灾体系在灾前、灾时、灾后3个阶段尚未形成完善的应急预案。郑州市政府部门在暴雨发生之前的24小时内就已接连发出了5道最高级别的红色特大暴雨预警通知，一些郑州市民手机上收到了预警短信，但许多市民和相关部门似乎并没有警觉。直到灾害使城市变成一片汪洋（图6、图7），有人因此失去生命后，人们才意识到一切远远超出了想象。从气候预警发布到气候灾害的发生，至少有24个小时的反应时间，完全足以支撑相关部门采取人员疏散、产业停工、地铁停止运营等针对性措施来降低灾害所带来的损失。但由于当地市民和相关部门在此之前缺乏对这类灾害的全面认知，没有及时按下城市的"暂停键"，最终加剧了灾害发生后人们的慌乱程度。

相较之下，笔者所在的广州地区由于常年遭受台风侵袭，当地相关部门和市民对暴雨都有着很高的警觉，在超强台风来临之前，中小学校会发布停课令，部分企业会要求员工留在室内或减少出行，从而避免造成不必要的伤亡。在这里并没有评判城市之间危机意识高低的意思，而是想要强调我们应当从这些已经发生的灾害中清晰地认识到城市必须有一个全面且完善的应急管理体系。本次郑州暴雨事件正是因为相关部门之间缺乏紧密的联系，没有利用好红色预警信息，针对事件制定出完整的解决策略，最后导致事态的失控。整个应急管理体系应当是一个"上下关联"的闭环，上层代表着政府部门，负责应急管理体系的建设，下层代表着普通群众，负责遵循应急管控的指引进行避难，只有当上下两层能够相互配合时，整个应急管理体系才能顺利运行。然而，目前应急避难对大多数的普通群众来说还是一个比较陌生的概念，许多人甚至不知道自己身边的应急场所到底在哪，这是非常可怕的一件事。所以，在加快应急管理体系建设的同时，在群众中也要加快应急避难知识的普及。

图6 被大雨浸没的城市道路（网易新闻）

图7 紧急开展的排涝作业（网易新闻）

景观命题及策略

安心健康环境构建

自新冠疫情暴发后，笔者作为一名风景园林设计师，深感肩上的担子越来越重。我不仅要做好本职的工作，为大众创造舒适宜人的公共空间环境，而且还要开始思考如何将应急避难与景观设计相结合，打造"平战结合"的高品质空间。在疫情反复的情况下，我发现身边的设计师都开始逐渐跳出这个职业本身，不断思索并探索着"健康"这个词到底在我们生活中如何体现。这个现象对整个行业来说是有良好促进作用的，当我们不再极致追求优雅的形态、酷炫的风格，开始思考风景园林这个行业作为支持社会和谐稳定的一部分时，才是营境的开始。整个世界的格局正在不断打开，我们再也无法以孤立的视角去看待任何一件事物；多学科，多领域的协作互融是指引我们走向新未来的正确途径。应急公园绿地是城市综合防灾、减灾和救灾体系的重要部分，从我们的专业角度来说，公园正是我们所熟悉的实践对象，但关于城市公园的应急系统建设我们在过去思考得较少，并且目前中国的公园绿地主要还是针对地震等自然灾害的应急服务，因此缺乏系统性和标准化的防灾减灾体系建设指引。在未来，健康景观和应急场势必会成为社会所关注的焦点，面对这样的挑战，我们必须要拓宽专业视野，积极探讨相关理论和设计方法，加强学科之间的交流，形成互补的格局，推动安全健康环境的建设与发展。

安全防灾体系搭建

安全防灾体系是国家治理体系的重要一环，构建完善的安全防灾体系是我国实现治理能力现代化目标的必然要求。城市安全防灾体系是保障城市正常运行和人民生命安全的重要防线，是减少城市安全隐患、提升城市韧性的关键所在。2020年，我国城镇化水平达到63.89%，意味着"十四五"时期我国城镇化进入60%～70%发展的关键时期。城市规模的不断扩张代表着我国的综合实力正不断增强，但与此同时，城市的公共安全管理能力面临着更大的挑战。城市作为人民进行日常活动的载体，承担着保障人民安全的重要责任，但近几年来城市安全问题越发突出，灾害频繁发生并呈现出多样性、突发性、高危害性等特点。城市防灾难度越来越大，城市对于防灾减灾的需求日益剧增。习近平总书记在2020年全国新冠情防控取得重大成果时强调："人民安全是国家安全的基石。要强化底线思维，增强忧患意识，时刻防范卫生健康领域重大风险。"并指出要把全生命周期健康管理理念贯穿城市规划、建设、管理全过程各环节，对国土空间规划背景下的城市安全体系提出了更高的要求。由此可见，安全防灾体系建设刻不容缓。

传统的城市综合防灾减灾工作往往是围绕自然灾害及人为灾害所进行的，并形成了由总体规划防灾专题、综合防灾专项规划、单灾种防灾减灾规划构成的规划上下传导体系。然而，现行各专业的防灾规范大多基于历史灾害统计数据确定的设防标准来制定，随着近年来快速城市化和极端气候越来越频繁，以及技术的变革与创新，这种工程思维下的风险预测的时效性越来越短。在灾害类型越来越多元、灾害诱因因素越发复杂的背景下，传统的防灾体系已无法满足保障

城市公共安全的要求。自 2019 年新冠疫情暴发以来，习总书记曾多次在重要场合指出"要完善城市治理体系和城乡基层治理体系，树立全周期的城市健康管理理念，把全生命周期管理理念贯穿城市规划、建设、管理全过程各环节"。对此，我们需要对城市的安全防灾体系展开新的思考，由被动转为主动，积极探索提高城市综合防灾能力的方法，来应对未来随时可能发生的灾害风险。从笔者的实践经历来看，一个完善的城市安全防灾体系是一个"自上而下"的闭环，需要规划、建设、管理三方的相互协调和促进。在规划层面，需要对城市面临的风险隐患进行统筹，对社会资源进行整合，对城市规划布局进行创新，进而构建城市安全防灾的基本格局。在建设层面，需要贯彻总体规划目标，将"平灾结合"理念融入实践，加强应急场所和各类安全配套设施的建设，提升城市空间韧性。在管理层面，需要起到"承上启下"的作用，一方面要加强对空间的管控，制定好灾前、灾时、灾后的应急预案，保证灾害发生时能够快速应对；另一方面要提高大众对于灾害风险的认知，推进应急避难知识的普及，增强群众的防灾避险能力。"潜伏"在我们身边的未知风险还有很多，城市的公共安全在未来势必会面临着更大的挑战。每个人都渴望生活在更安全、更安心的环境之中，因此，城市的安全防灾体系要尽快构建和完善起来，这对于提升城市公共安全具有重要意义。

景观行业信心及价值观的重构

疫情影响下的景观行业需要建立信心

新冠肺炎疫情初始，我们被"禁锢"在家里，许多原本应当充斥着欢声笑语的场所变得冷清萧条。如今在疫情得到基本控制之后，城市逐渐回到了正常的运行轨迹，公共空间里的欢声笑语回来了，但人与人之间多了一层口罩的间隔。疫情管控成为后疫情时代我们无法回避的话题，张贴在公共场合的防疫标语无时无刻都在提醒着我们这场战役仍未结束，每个人都需要时刻保持清醒，保持距离，保护自己。作为景观设计师，我们承担着营造舒适环境的责任，我们有义务将疫情防控融入我们的设计思考当中，让人们在使用公共空间时更安心、更放心。

本次疫情的暴发使公共空间的安全与健康成为社会大众关注的焦点，同时也成为景观行业必须重视以及重新思考的问题。作为景观设计师，我们应当对景观行业抱有可以让这个城市变得更好的信心，因为在过去的 200 多年里，正是因为城市公园的出现让城市的公共健康环境得到了提升。19 世纪 50 年代，美国纽约由于城市化的快速发展，公共空间不断被压缩，环境质量不断恶化，疾病发生率大幅度升高。为了改善城市生态环境以及为市民提供休憩活动空间来舒缓焦虑情绪，繁华的都市中心留出了一块面积约 340 万平方米的空地用于兴建中央公园。中央公园成为混凝土丛林中的一片可以拥抱自然的空间，市民的身心健康得到了很大的提升。更为重要的是，整个城市从此开始重新思考公共开放空间的意义与重要性，并且把城市绿地系统视作城市建设的重要内容之一。如果把过去 200 多年里解决公共开放空间的用地问题视为城市健康与安全的 1.0 目标，那么在未来增强公共开放空间的应急能力就是城市健康与安全的 2.0 目标。在国土空间规划的指引下，城市绿地系统正不断完善，我们从绿地空间中获益越来越多，可以说 1.0 目标已经初步实现。而我国关于公共空间应急方面的研究和建设当前正处于起步阶段，仍未形成完善的体系框架，实现 2.0 目标还有很长的一段路要走。但值得庆幸的是，在目前的行业实践中已经有越来越多的人开始着手于防灾减灾空间建设方法的探索，越来越多的学科领域（如大数据、虚拟仿真、人工智能等）都逐渐融入智慧环境的建设，所有的一切都在朝着更好的方向发展。纵观历史与现在，乃至未来，我相信景观行业总能在和谐人居环境的营建中贡献出一份力量。

灾害频发的后疫情时代需要重构景观价值观

后疫情时代，不仅城市的公共安全防灾体系需要重构与完善，景观设计师也需要重新审视和更新我们的设计价值观。为人类营造美好舒适的生活环境一直是景观设计师的职责与本分，但我们清晰地知道风景园林作为一门综合性的社会科学，单凭其自身无法承担起改善城市健康状况的重任，我们十分需要社会的力量。在公共空间疫情防控的需求出现以后，多学科交叉互补的必要性愈加凸显，因此开放与包容成为设计师必须具备的品质。作为统筹者去把握总体设计框架内容是我们的专业特性，但在一些领域的专业性问题上我们会存在知识盲区，这时便需要其他学科的专业力量来填补我们的不足。多学科交叉的益处不仅可以让项目更好地完成，而且也能让社会上更多的人成为人居环境建设的主体，这恰好体现着共建、共治、共享的时代要求。

在灾害频发和公共安全需求激增的社会背景下，安全与应急已经成为我们无法回避的设计问题。面对这样的挑战，景观设计师作为引导公共空间设计的主体，应当有更强烈的社会责任感，主动承担起营造健康与智慧环境的职责，在实践或者研究的过程中都有意识地加入关于安全和应急方面的思考，将营造安心环境理念贯穿于我们的行业之中，促进整个城市朝着更友善、更和谐的方向发展。

公共景观 ————————————————————————————————————

项目面积：	建成时间：	摄影：
13000平方米	2021年	白羽
业主单位：	代建单位：	
深圳市南山区建筑工务署	前海君临实业发展（深圳）有限公司	

广东·深圳

南油市政广场（天璟公园）

东大（深圳）设计有限公司 / 景观设计

项目背景

南油市政广场（天璟公园）地处广东省深圳市南山区南油片区中心位置，该片区未来将成为"前海—后海"中心区的重要组成部分。项目位于南海大道与登良路交叉口东南角，与南油购物公园、南油文化广场相邻。轨道交通9号线西延段将沿南海大道布线，并在项目处设有南油站。

场地印象

项目属于地铁上盖工程，前期由于南油地铁站的建设，因此基地基本被推平。面对恒大天璟220米超高层的建筑体量，人们进入场地显得如此渺小，一种压迫感随之而来。环顾四周，被钢筋混凝土包围的城市森林很容易让人迷失自我。因此，当设计团队站在场地中间时，就开始思考应该让自然重新回归城市，让浮躁的心灵回归自然，让生活回归宁静与美好。天璟公园的建成，提升南油片区城市公共基础环境质量的同时，也使游走在公园的人们认识深圳市南山区的发展，回忆南山区的辉煌，并体会生机勃勃的现在。

设计主题

项目以"漫步林间"为设计主题，设计团队通过对社会长期的观察与思考，以人为本，从当地居民的角度出发，去启发他们对于自然的联想和感受。人们长期生活在都市丛林中，奔波于梦想与生活之间，急需一个能够让人走进去、慢下来的解压地。

天璟公园的存在，就是为忙碌的都市工薪族群，营造一个释放压力的自然休憩场所。人们在

公园中可以漫无目的地在林间漫步,可以看到非常怡人的林间趣景,设计团队通过"绿树、花环游径、林间木屋、下沉大草地、星空灯艺"等符号语言,让人们可见、可听、可闻、可感和可思,"亲近自然、享受自然、认识自然"的设计理念唤起人们对自然的回忆,这成为天璟公园重要的一部分。项目所创的新城市空间体验,也为市民新添了了解自然与城市的新奇联想。

整体调性:入园即入自然

设计团队充分考虑岭南地区炎热的气候环境,项目以林下空间作为整个项目的设计基调,市民走进公园就如同走进一片自然之中。人本身作为大自然的一部分,让身心再次回归到大自然当中去。

公园思考:无目的地景观

在项目中,设计团队设计了一条可以无限循

环地漫步游径，在游径两侧种植了两排紫花风铃木，在春天形成紫色的花环，人们可以沿着这条花环游径尽情地感受着春天的气息。夏天，在行走的过程中享受着透过树叶缝隙的阳光，洒落在草地上光影斑驳的朦胧之美，还有微风吹拂在脸上，夹杂着喷雾系统所营造的那一丝丝凉爽。走累了就在路边的木质座椅上停歇，看看风景，看看人群，享受着这种自然所带来的慢节奏，感受生活的美好。

功能布局

整个公园以自然为基调，公园由南向北分成4个主题区：碧草星河、疏影斜阳、云雾森林、星光缀空。曲性连贯的园路空间延展穿过上述4个主题区，沿园内小径行赏，一路自然风景变幻莫测，惊喜不断。

碧草星河

场地以下沉式空间为核心，边缘利用台阶与休闲坐凳结合，形成半围合空间，再通过乔木点缀，形成舒适的林下休息空间。中间的草坪可供小孩自由欢快地奔跑嬉戏。

疏影斜阳

由主入口进入公园中央，树木由疏到密，随着微地形的缓缓起伏变化，仿佛走向森林，阳光透过树叶之间的缝隙散落在草坡上，形成光影斑驳的朦胧之美。白色的观赏草随风摆动，给人一种大自然的野趣。

云雾森林

走到公园的正中间，看到由茂密的落羽杉林组成的雨水花园，树木中间架起一条弯曲的木栈道，两侧微地形高低起伏，再种植蕨类及鸢尾等水生植物，形成曲径通幽的效果。当中午温度较高时，智能降温设备会开启喷雾系统，将整个落羽杉林用一团一团白色的雾气包围，宛如自然仙境一般神秘。每当夜晚降临，无数模拟萤火虫的灯光在林中点亮，宛如盛夏的山林。

星光缀空

从云雾森林走出来，眼前一片开阔的阳光草坪，在空间感受上与云雾森林形成强烈对比。而北入口的山形构筑，在空间上形成视觉焦点。当人们从构筑底部穿过时，镜面不锈钢反射出倒影，增添趣味性。再细看，可以发现镜面不锈钢上有无数的细小空洞，夜晚灯光开启时，抬头仰望构筑顶部，灯光透过洞孔，一幅银河星辰的画面，让人联想起原来星空依旧如此美丽。人们每日为生活奔波劳累，却忘记了抬头仰望星空。

结语

好的公园设计，像一把钥匙，帮人们打开自然的大门。公园的美，可给予人们城市生活中巨大的慰藉，它让人们相信美好的自然是这个世界的根源。

其实在天璟公园的设计中，看似设计师随意的一笔勾勒，实则蕴含了许多巧妙的玄机。首先整个园路曲线的设计流畅自然，空间的韵律和谐统一，起承转合，收放自如。其次，曲线很自然地延长了人们的游览路线，使主题景观依次呈现，同时悄无声息地引起人们的好奇心。

总的来说，南油市政广场（天璟公园）不是以壮阔类型而震撼人心的景观，但耐看、值得细品，好似润物细无声，是快节奏忙碌生活里诗意的一角。

项目面积：
720000平方米
业主单位：
深圳市前海开发投资控股有限公司
建成时间：
2020年

建设单位：
深圳市前海开发投资控股有限公司

景观设计：
广州普邦园林股份有限公司

深圳·前海

广东深圳前湾片区景观

普邦设计 / 景观设计

从滩涂之地到高楼林立，从黄土遍地到绿树成荫；
前海，用前所未有的开放姿态飞速发展，完美蜕变成一幅美丽的画卷。

前海片区始建于2010年，逐步由湿地渔村转变为滨海新城。本项目通过打造多样化的城市公园、连续的绿色交通网络，提前占据河流、海湾等重点生态空间，构建城市绿色基础设施网络。

在2017年前海景观环境和绿化"双提升"工程被确定为自贸新城建设重中之重的"一号工程"之后，设计从"生态""文化""活力"三大策略出发，在改善生态环境和抵御自然灾害的同时，发挥自然主导作用，创造了可持续的慢行交通网络与自然交融的多元化活动空间，为前湾片区的城市开发和建设奠定了绿色基础。作为全国深化改革开放的"领头兵"，前海在10年的时间里除了实现经济科研创新方面的飞速发展，

它的环境、绿化也在向打造"前海特色、前海风格、前海品位"的方向前进。

填海造地作为缓解土地资源短缺的有效方法在世界范围内逐渐广泛应用。项目为填海造地新城区景观设计提供了可参考案例，也是沿海空间生态修复与场所营造的成功尝试。

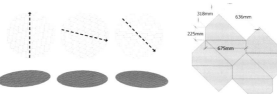

铺装设计

前海石公园

前海石公园位于大铲湾西侧、桂湾河水廊道入海口,占地总面积约90000平方米,主要包括前海石观景平台、周边绿化及滨海景观带3部分。

为了突出滨海风情,前湾一路沿线引入耐盐碱的棕榈品种,串联整个空间区域。

前海石观景平台铺装设计延续"一石激起千层浪"的设计理念,以前海石为中心点,向广场四周泛起波浪,铺装材料采用特殊定制的不规则四边形高强度抗压透水砖,设计团队采用参数化设计并结合互扣式拼装工艺打造波浪纹轴,分为深、中、浅3种颜色,象征着前海工作者"深入浅出"的学习与践行态度。

为最大化呈现前海石的景观效果,同时让前海石与周围景观相匹配,设计团队为前海石新增基座,使"前海"二字的中心点处于石头与平台的黄金分割点,并满足游客全角度拍摄及多人合影的需求。

紫荆园

紫荆园以紫荆花为主题,整个园区占地约2.5万平方米,其中有2200平方米的花境,不同品种的花组合在一起,利用色彩、高低、形状的差异营造出唯美梦幻的花园意境。

入口处花境使用大面积的时花,打造入口多彩缤纷的效果。前景主要采用颜色较为鲜艳、花叶低矮细腻的草本花卉,例如新几内凤仙、蓝花鼠尾草,局部点缀较为鲜艳的花吸引视线。中景采用带有些许高度的花卉来增加景观的空间层次与色彩层次。背景采用勒杜鹃、非洲凌霄等将视线拉回并收紧。

休憩空间的植物主要采用使君子和首冠藤,两者皆为喜爱攀缘的植物。它们的藤蔓及枝叶沿廊架向上攀爬,形成一道花墙。

结尾处的空间在设计中应用现代流畅的线条将公园分割成不同的功能空间,空间之间相互联系渗透。3个弧形花架宛如绿岛上的扁舟,在时代发展的海洋上扬帆起航。

为了让四季都有花可赏,通过不同的主题定义、花材选取以及颜色搭配,来营造应时而变的花境景观,让前海整个城市景观空间呈现出四季的变化。

前海运动公园

　　前海运动公园位于深圳市前海深港合作区梦海大道与前湾二路交会处，总占地面积7.14万平方米，公园围绕运动主题，以大众健身为目的，集体育比赛、健身运动、日常休闲及生态游园等多种功能为一体。

治愈绿色景观

　　公园植被覆盖率高达80%以上，整个园区被绿色包围，呈现出生态、自然的园区景观，是前海城市新中心独具特色的运动主题公园。

　　细腻柔软的网红粉黛乱子草、随风摇曳的狗尾巴草营造出一片难得的静享空间。

生态环保理念

　　公园的设计融入绿色环保、节能减排和海绵城市的概念。地面草坪设置多层次的具有蓄水、净水和释水功能的海绵体，实现园区生态平衡与环保。同时利用地形起伏，设置可平衡生态的雨水花园，可赏景的小径。

专业运动设施

　　在专业运动设施上，用专业工艺打造1400米环形跑道高标准塑胶面层，结合地貌设置悬空和下沉路段，极大地丰富了跑步时的使用感受。

　　专业化的足球场全部采用人造草，可满足全天候高强度使用，也可举办专业的足球赛事。篮球场、网球场的场地面层均选用绿色、无毒无味的产品，始终将环保、生态理念贯穿项目设计、建设及运营中。

项目面积：
约417000平方米
建成时间：
2011年10月

设计团队：
陶晓辉、李青、梁曦亮、林兆涛、林敏仪、
文冬冬、李晓冰、陆茵然、杨振宇、姚诗韵、
薛懿、严锐彪、马越、梁欣、许唯智、
刘志伟、金海湘、施金宏、王一江、叶超明、
郑梓鹏、张丽杰、吴梅生、佘莎莉、刘鸿、
张冬晖、王琳、卢素娴、陈天纬、洪淼、
梁海钊等

专家顾问：
孟兆祯、王绍增、吴劲章、陈守亚、陆琦、吕晖等
华盖建筑咨询：
许涛、钟再恒
建设单位：
佛山市顺德区北滘镇怡兴物业管理有限公司
（BOT单位佛山市顺德区北滘镇和园文化发展中心）

翰墨荟萃（第一阶段 明清时期）
传统岭南书院和古典私家庭院

玉铃云阁

珍馐百味
（第四阶段 中华人民共和国成立初期）
中华人民共和国初期岭南园林风格

云岫精庐（第三阶段 民国时期）
民国风格的岭南庭院

艺韵荷风（第二阶段 清末民初）
传统民宿，岭南水乡骑楼街市

同聚芳华

第一阶段：	第二阶段：	第三阶段：	第四阶段：
明清时期 书院，私家庭院	清末民初 传统民居，岭南水香，骑楼街市	民国时期 西洋风格的岭南庭院	中华人民共和国成立初期 现代新中式岭南园林

广东·佛山

岭南和园

广州园林建筑规划设计研究总院／景观设计

岭南和园位于广东省佛山市顺德区北滘镇，广东省和的慈善基金会捐赠3亿元人民币，北滘镇政府划地建设。设计在一块360米×130米的狭长型地块展开，一条河贯穿，项目面积为41749平方米，规划容积率0.38，建筑密度不高于45%，建筑限高为35米，停车位共计100个。

设计团队通过筑山理水，形成北山南水、负阴抱阳的核心山水骨架，展示一幅山、水、街市、人家在内的岭南水乡生活画卷。项目的设计，是对岭南园林的历史传承和探索实践。

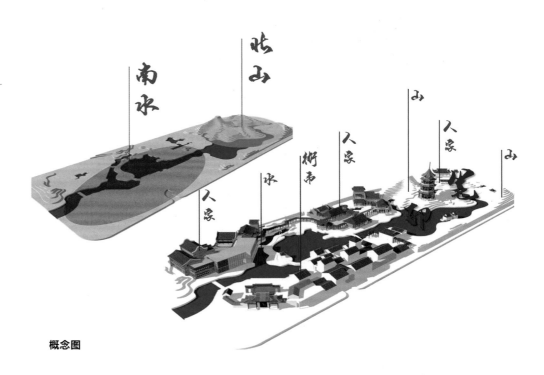

概念图

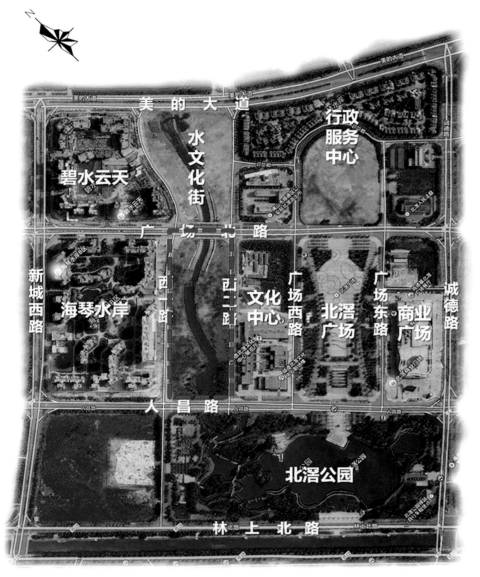

区位图

在设计过程中，团队反复研究，试图找出岭南园林的发展脉络，初步界定了岭南园林发展的时间节点，结合顺德水乡文化，最后"玩"拼接游戏，将明清时期、清末民初、民国时期、中华人民共和国成立初期4个历史阶段的岭南园林设计荟萃于一园。

以"和园六景"展开一幅自然山水与城市和谐共融的水乡生活画卷。

设计团队以匠人之心不断优化设计，旨在规划设计一幅山、水、街市、人家在内的水乡生活画卷，一座以"和园六景"展现岭南历史文化内蕴和顺德水乡生活特色的岭南园林精品。

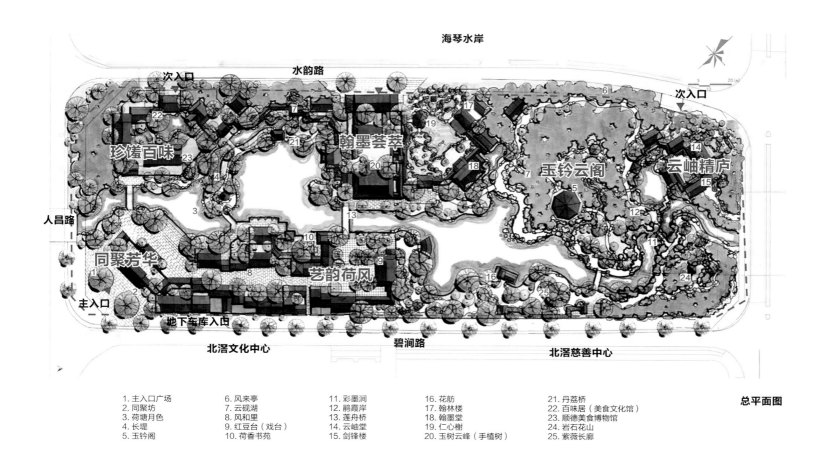

海琴水岸

水韵路

次入口

人昌路

主入口

地下车库入口

北滘文化中心　　　碧涧路　　　北滘慈善中心

次入口

珍馐百味

翰墨荟萃

玉铃云阁

云岫精庐

同聚芳华

艺韵荷风

总平面图

1. 主入口广场
2. 同聚坊
3. 荷塘月色
4. 长堤
5. 玉铃阁

6. 风来亭
7. 云砚湖
8. 风和里
9. 红豆台（戏台）
10. 荷香书苑

11. 彩墨涧
12. 鹃霞岸
13. 莲舟桥
14. 云岫堂
15. 剑锋楼

16. 花舫
17. 翰林楼
18. 翰墨堂
19. 仁心树
20. 玉树云峰（手植树）

21. 丹荔桥
22. 百味居（美食文化馆）
23. 顺德美食博物馆
24. 岩石花山
25. 紫薇长廊

项目面积：
37.9万平方米
业主单位：
上饶市棕远生态环境有限公司
建成时间：
2020年
总设计师：
张文英

方案团队：
赵哲华、马智雄、詹士霈、陈景阳、周泉、
区耀璘、唐雅颖、陈晓东、唐启发、方珂、
刘锦凯、杜海芳、林洁怡
规划团队：
郭静、田洋洋
建筑团队：
何学院、廖伟青、黄嘉曦、罗森文
施工图团队：
徐叶、李生臣、叶兴蓉、刘静怡、沈策、

崔春子、张晓旭、刘迎君、郝帅、程志鹏、
冯梦洁、飘么、王宇
现场设计团队：
贺振宇、周琦
施工方：
棕榈生态城镇发展股份有限公司
摄影：
超越视觉
代建单位：
上饶市棕远生态环境有限公司

江西·上饶

上饶·十里
楮溪时光公园

棕榈设计集团有限公司大项目运营中心/
景观设计

饶水回回转，灵山面面逢。
十里楮溪水，阅尽饶城事。

二千里地佳山水，
无数海棠官道傍。
风送落红搅马过，
春风更比路人忙。
——[元]高克恭《过信州》

　　信州，今江西省上饶市。昔时，元代画家兼
诗人高克恭途经此地，春风轻拂，海棠落红，生
机盎然的美景不禁引其下马慢行，吟诵对项目
所在地——江西上饶山水春色的赞美。此处，便
是楮溪河的发源地。设计团队依循前人行迹，探
寻前路风景，在上饶市楮溪河综合治理项目中，
建设楮溪十景，连接饶水灵山，构建上饶楮溪河
生态走廊。

　　楮溪河是串山联城的生态纽带，是见证古饶
城历史变迁、承载乡土记忆、孕育风土民情的时
空通廊。河道沿岸秀美，但现有场地存在景观无
序化、基础设施不完备、两岸交通割裂等问题。依
托上饶市"灵山信水"的山水格局和城市意象，在
上饶市楮溪河综合治理PPP项目中，整合自然山
水、生态环境、村落农林等沿河周边资源，以"一
带五区十点"的景观结构，规划楮溪十大主要景
点，衔接灵山景区及上饶城区，构建集自然观光、
文化展示、休闲游憩、生态保护等功能于一体的
灵山—楮溪—信江休闲生态走廊。

上饶·十里楮溪时光公园作为上饶楮溪河生态走廊规划十景之一，靠近南侧城区，因此定位为城市活力公园。立足于道教、山水、诗词等地域文化，以"溪畔时光·秀美纷饶·乐享逍遥"为主题，以逍遥思想为脉，串联五大板块。场地呈环水的河心岛形态，依托现有河道资源引水入园，建设活力四射的市民亲水后花园。十里楮溪水，跨越漫长的时光，将悠久的饶城历史延续至今。

依据整体策划，以文人雅士纵横于市井之间的逍遥精神为主线，提取"隐市、归园、悠游、忘尘、结庐"五大市井人文，结合水乡气韵，构建五大景观板块。创造聚合多种业态，集美食、购物、体验、娱乐为一体的综合区域，让文化深度体验延伸至每一处细节。

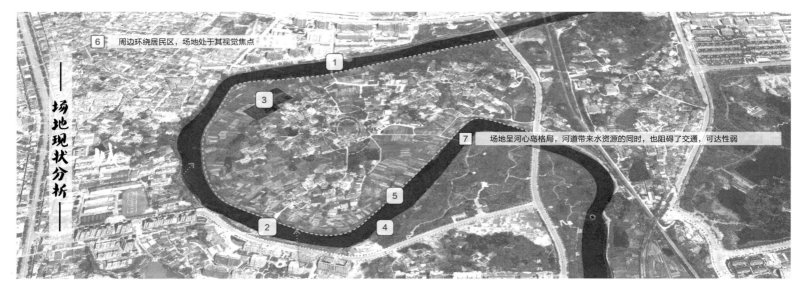

6　周边环绕居民区，场地处于其视觉焦点

7　场地呈河心岛格局，河道带来水资源的同时，也阻碍了交通，可达性弱

—— 场地现状分析 ——

1　出入口景观破败，存在大量硬质挡墙

2　通行桥梁较少，面层破旧，基础不稳，安全性不足，居民过河不便

3　场地绿地以平坦农田为主，景观缺乏层次，生态系统单一

在闲置荒地上，建筑垃圾堆积

4　场地外侧河道护岸高差大，出行困难

5　场地内侧河道驳岸裸露，缺乏安全防护

隐市

揽月阁

　　林茂草密，郁郁葱葱，结合现状山体，在制高点设置的观景楼阁，自成公园标志性一景，人们可登高俯瞰公园全景，感受溪畔大美饶城。

视线分析

● 绿色渗透
● 都市阳台

EAST

WEST

用地分析

● 商业小镇
● 岛屿酒店
● 住宅小区

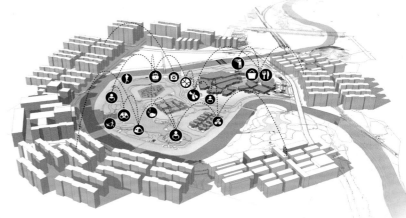

竹影听风
芙蓉映月
灯光水秀
星语广场
鸳鸯鹤头
运动大地
道□场
许愿池
萤光步道
曲桥揽胜
时光小镇

位置标注图

交通分析

● 外环主园路
● 内环次园路
● 景点游憩道

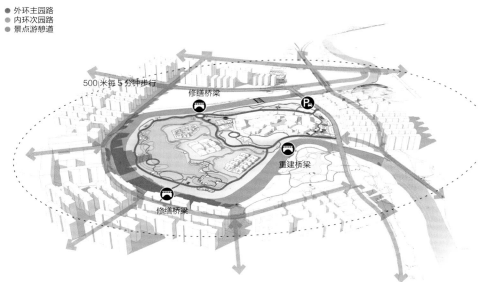

500米每5分钟步行

修缮桥梁

重建桥梁

修缮桥梁

归园

时光曲桥

　　基地北侧延续山林基底，依据地势变化增设曲桥，蜿蜒穿梭于树林之间。行人于此处步入公园，怀揣着怎样的心情？树梢轻颤，飞鸟停落，闹市的喧嚣在此归于幽静，曲桥又欲将行人引至何方呢？

时光中轴

　　步入牌坊，途经松石对景，抵达环形广场。主景雕塑结合十里楮溪产业logo，提取灵山山形，以灵动曲线勾勒灵山的秀丽多姿。经多轮建模推敲，环中设计雾喷系统与灯光系统，赋予科技梦幻感。

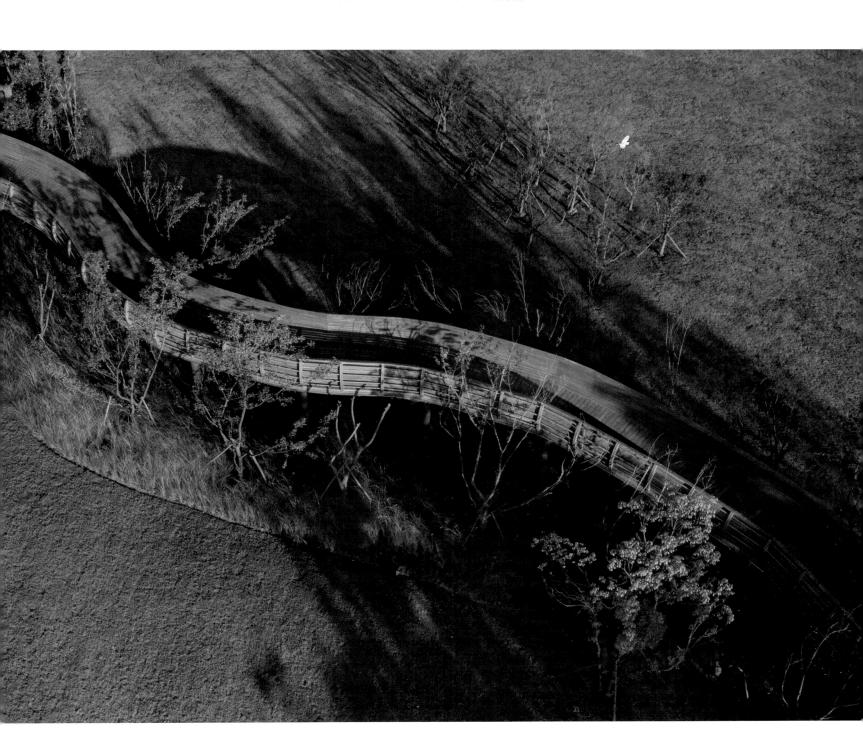

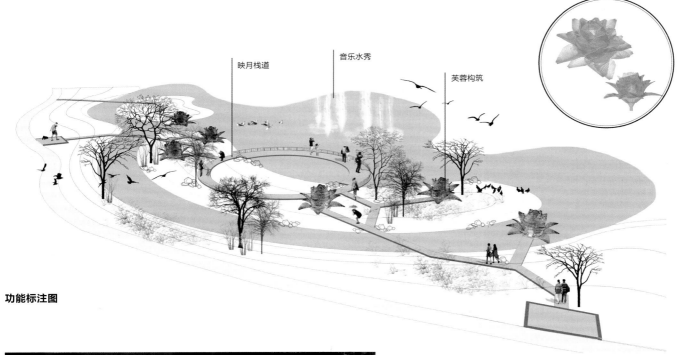

映月栈道　　音乐水秀　　芙蓉构筑

功能标注图

悠游

芙蓉映月

映月栈道，提取一弯明月的形态，前端挑出水面，采用钢结构及生态木结构组合而成。栈道内部暗藏LED灯，夜间倒映于湖面上，寓意水中映月。

芙蓉构筑（休憩亭）造型，提取上饶理学文化的代表人物之一周敦颐《爱莲说》中出水芙蓉的形态。夜间伴随变幻的灯光亮化，盛开在饶城湖畔。

诗词石韵

在环道边的休憩节点，青瓦铺地，诗词镌刻，人们可以在此停驻，品读饶城书卷，感受上饶文化。

忘尘
许愿池

许愿池景点结合灵山神兽文化设计而成，团队设置许愿树、下沉空间及休憩廊架，为人们提供一处静谧安逸的休憩场所，营造隐逸闲适的禅意空间。节庆时分，河灯伴随祝福点亮，漂浮于水面之上，如同繁星缀于银河。

结庐
星宿广场

灵山被道家书列为"天下第三十三福地"，依托当地道教文化，在公园中轴延长线上设置观湖平台，并结合道教二十八星宿布置景观元素，广场铺装上内嵌带状和点状的LED灯，重现二十八星宿星空，星云流转，构建神秘奇幻的夜晚景观。行人停驻于此，欣赏结庐花园之美，感叹时光流转之妙。

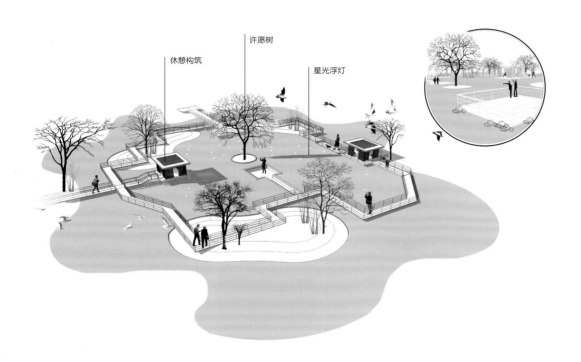

休憩构筑　许愿树　星光浮灯

项目面积：
100万平方米
业主单位：
南部县园林局
建成时间：
2021年

主持设计：
杜昀
景观团队：
胡楚林、李威宜、Lemsic Arnel Manga、
黄刚、张莉、李瑾、林伟水、侯英儒、蔡颂宏
建筑团队：
刘德良、谭应虹、刘德拉、陶哲

工程单位：
北京东方园林环境股份有限公司
项目摄影：
三映景观摄影

四川·南充

水城交融的森域妙境——四川南部水城禹迹岛公园

深圳毕路德建筑顾问有限公司／景观设计

四川南部水城禹迹岛公园借由森域景观设计策略，借助城市山水、文化资源的联动，构建了一处文城一体、产城一体、景城一体的生态人居环境。建成后的公园既成为市民休闲健身的好去处，又为提升南部县综合承载能力和竞争力，促进县域经济快速发展起到了积极推动作用。

生态新轴线——嘉陵明珠，璀璨江畔

项目位于有"成渝第二城"之称的南充市的南部县满福坝新区。"一部南部史，千古亲水情"，千百年来，嘉陵江水在此浩瀚奔腾，泽润万物，川北人民在此繁衍生息，共谱华章。设计本着敬畏自然、进发未来的原则，提出"嘉陵明珠、璀璨江畔"的理念，将嘉陵江水引入场地，营造城在水上、水在城中的南部水城，为人的亲水活动创造更贴近的直观体验。

文化新景观——上善若水，茹古涵今

相传上古时期，洪水泛滥，民不聊生，大禹临危受命消灭水患，以疏通河道、拓宽峡口之法，终让水脉畅通，百姓安居乐业。在踏遍神州万里治水的过程中，大禹在南部县亦留下了宝贵的遗迹。为传承历史文化，致敬大禹科学治水的精神，设计在大型公园与特征性视觉景观带的基础上，将大禹文化融入整个场地中，通过线条构建与形式象征来展现大禹的一生，打造与南部水城相融的文化名片。

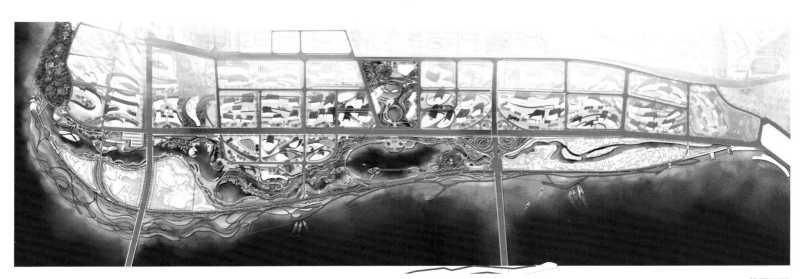

总平面图

城市新门户

公园是新老两城的视觉纽带，在打造片区内河流水系时，充分将水体资源与场地内部结合，实现了曲水连城、蓝绿交织、有机相生的城市发展目标。通过对大地景观的地形梳理及植物的片植，强化自然语境，力求形成一个恍如隔世的南部画卷盛景。现代景观的场地营造有效提升了城市品质，最终为南部打造一个集民众休闲、形象展示、节日庆典的特质化空间。

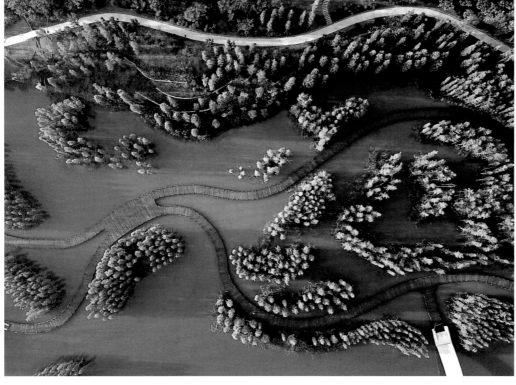

森域景观设计策略

现今许多滨水风光带只注重湿地营造，从内陆到江边的植被过渡缺失，出现强烈的沿江设计带痕迹，诱发景观生态缺乏的问题。公园借助原生林、补植林、人工片植林和特色景观林巧妙完成过渡带设计，完美实现从原生到人工造景的转换。

原生态—园林化的纵深打造

传统滨水带强调的是湿地系统的生态化打造，将滨水湿地的液泡生态、自净系统做到极致。

为了营造更完善的生态系统，在规划之初，打破固体边界的障碍，充分考虑滨江带与城市滨水公园的结合，由内到外构建江边滩涂—湿地系统—原生林—人工化园林区域—城市边界的纵深林线，让自然和城市更完美地融合。

从固态到流体的设计转变

面对滨水空间和城市边界之间横贯着的固态防洪设施,传统的设计手法是将其作为平行于河道的空间存在,设计亦依此围绕展开,最终形成了第二排平行于滨水带的线性空间:一条由大小节点和步道系统串联,围绕防洪道路盘桓的固态模式路线。

为了规避防洪措施对整个滨江带的线性控制,借鉴中国园林的造景手法,构建多个不同的"局"形态,通过多个围合空间,打造中国山水画中的连续多灭点场景,形成流动画卷。

水岸景观的有机整合

在传统的设计中,将滩涂原生林、堤岸补植林、蓝绿人工林3个区域分隔开对水生态的帮助甚微,植物根系发达的特性会导致某些强势树种大面积侵蚀原本希望分开的其他空间,最后得到的是经不起时间考验的环境风貌。

因此,对地上和地下水岸进行了系统考量。针对地上水岸,通过视觉通廊的打造,在不破坏原生林边界的前提下,对其适当进行组团化梳理,如适当清理胸径小于10厘米的乔木等,从而营造山水园林的艺术效果。针对地下水岸,通过人工手段来阻断菖蒲、巴茅、芦苇等植物根系的无限制延展,令水道进入滩涂地块,从而变滩涂为湿岛,改善鸟类的觅食空间和大型鸟类的栖息之地。

一岛一世界,一水一乾坤

针对辽阔绵长的外滩区域,通过地形的塑造、植物疏朗关系的调整、密植组团与道路的围合、停驻场地的打造以及特色旱溪的营造,提供了丰富多样的视觉感官体验。游客在游览的过程中,既能感受到山河磅礴的壮丽,又能回味游园的细节。

作为市政公园，项目需兼顾游人体验感和参与性，但决不能以牺牲原生林为代价。因此，设计师采用疏减迁移、完整保留等方式，实现原生林生态价值的最大化。同时，栈道设计顺应林下空间进行调整：宽处自然形成停驻小广场，窄处以蜿蜒小路延伸至林中。游人漫步其中，一切仿若天成，可尽情欣赏自然的乐章。

精挑细选的植物构建了一处自然形态格局完整、功能及空间布局疏密有致、景观与植物系统丰富、以生态为基底的市民活动空间。通过对原生场地、设计风格、苗木资源等各因素进行整合考量，将变与不变都蕴藏于设计思考中，为植被找到最适合生长和被观赏的位置。于每一位游客而言，其到达的当下就是最美的时光。

山体设计以"寒梅劲松"为主题，在描绘南部满福坝的画卷中起到画龙点睛的作用。从全国各地精选而来的78株造型黑松，株形、高度、方向、姿态各异，与专业的景石大师所布置的景石互为就势，共同勾勒出一幅意境深远的山水墨画。红梅、茶梅等精品植株的加入，为这幅山水画增添了雅致氛围。

"人道我居城市里，我疑身在万山中。"四川南部水城禹迹岛公园，以归于自然、融于自然的去风格化手法，平衡河道开发与生态自然的矛盾，营造出历久弥新、生生不息的新型水岸景观空间。春生夏长，秋落冬藏，在公园内，人与水以最亲切的形式重新连接，与城市共呼吸，续写着亲水南部新的记忆篇章。

项目面积:
约130万平方米
业主单位:
遂宁经济技术开发区管理委员会
建成时间:
2020年

设计团队:
陈跃中、莫晓、唐艳红、田维民、杨源鑫、
张金玲、李硕、胡晓丹、陈廷千、高静
合作单位:
四川省建筑设计研究院有限公司

建设单位:
中冶交通建设集团有限公司
重庆渝西园林集团有限公司
摄影:
HOLI河狸景观摄影、目外摄影

四川·遂宁

遂宁南滨江公园

易兰规划设计院/景观设计

项目位于四川省遂宁市,总占地面积约130万平方米,景观带全长约9千米。遂宁市有良好的滨水景观资源,易兰设计团队根据不同人群的活动需求,为市民设计提供了一个高参与性的滨江绿带公园。

在尊重原有场地的基础上,易兰设计团队增加了贯穿整个河岸线的慢行系统、健身步道及配套休闲设施,着重打造了滨水休闲界面和城市景观界面。在滨水休闲界面上设置了码头、滨水广场、观景台、休闲廊架以及适合各个年龄段的休闲活动设施。在城市景观界面,重点处理其与周边路口的街道接驳点,使其成为多个慢行圈的交叉点。

根据周边用地性质,将滨江公园分为城市活力段、休闲商业段和生态湿地段。城市活力段为游人提供多样的活力空间及滨水体验,将堤顶路改造成为绿荫相间、可游可赏可驻足的慢行系统。在休闲商业段增设休闲服务建筑,形成一定的空间围合度,营造出一处可供人们团聚、享受生活服务的场所。生态湿地段保留了原生湿地结构,为市民提供宜人的亲水环境。

秉持低影响开发理念,设计团队利用原有地形塑造富有观赏性的台地花园,保留场地上的植物群落,合理地引导地表雨水,把整个滨江绿道组织成一个雨水管理展示花园,把自然生态理念与设计细节有机结合在一起。

项目一经落地,为遂宁的市民提供了一处理想的休闲去处,实现了政府和市民所期望的"城市客厅、游憩中心、生态腹地"的环境目标。

项目建成后受到国际同行的一致认可,获得美国景观设计师协会综合设计类荣誉奖、国际风景园林师联合会基础设施类杰出奖、城市土地学会亚太区卓越奖、世界建筑节自然景观奖大奖等荣誉。

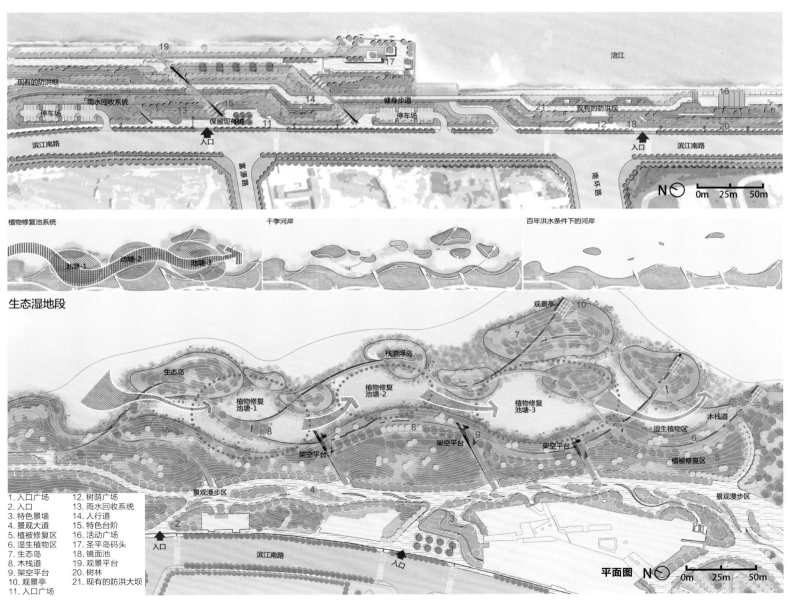

生态湿地段

植物修复池系统   干季河岸   百年洪水条件下的河岸

池塘-1   池塘-2   池塘-3

涪江

现有的防洪坝

雨水回收系统

停车场

滨江南路

保留现有树

入口

健身步道

现有的防洪坝

停车场

入口   滨江南路

N   0m   25m   50m

观景亭 10

生态岛

栈道浮岛

植物修复池塘-2

植物修复池塘-1

植物修复池塘-3

湿生植物区

木栈道

植被修复区

架空平台

景观漫步区

架空平台

架空平台

景观漫步区

入口

滨江南路

入口

平面图   N   0m   25m   50m

1. 入口广场
2. 入口
3. 特色景墙
4. 景观大道
5. 植被修复区
6. 湿生植物区
7. 生态岛
8. 木栈道
9. 架空平台
10. 观景亭
11. 入口广场
12. 树荫广场
13. 雨水回收系统
14. 人行道
15. 特色台阶
16. 活动广场
17. 圣平岛码头
18. 镜面池
19. 观景平台
20. 树林
21. 现有的防洪大坝

项目面积：
990000平方米
业主单位：
重庆市潼南区规划局

所获奖项：
2021年AZ Awards最佳景观奖

摄影：
望山影像

富营养化农业径流

径流入口

伏河

1. 游客中心
2. 停车场
3. 金佛桥
4. 游艇停靠区
5. 主入口
6. 小岛
7. 人行道
8. 莲花湿地
9. 结构（露珠）
10. 水渠
11. 有顶棚的桥
12. 树林
13. 河滨区
14. 滨水区
15. 树林小岛
16. 河滨步道

总平面图

中国·重庆

潼南大佛寺湿地公园

北京土人城市规划设计股份有限公司/景观设计

项目简介

潼南大佛寺湿地公园位于涪江流经的重庆潼南区中心区域两岸，南侧紧邻大佛寺四级风景区，地处潼南城市形象展示的核心区域，是高密度城市中难得的滨河滩涂绿洲。设计师以打造"与洪水相适应的滨江滩地——涪江湿地的回归"为设计目标，尽可能保护河道的滩涂湿地环境，压缩城市阳台的边界，架设步行廊道，增加市民的湿地体验空间。项目以"江舟花堤悠悠走，三千须弥漫漫寻"为愿景，挖掘潼南两个非常重要的文化元素——一个是历史悠久的航运文化，一个是以大

佛寺为基础的佛教文化，从而打造具有本土文化性格的城市滨河湿地景观公园。

目标与挑战

作为城市中心区域的主要滨水空间，同时也是潼南的城市名片，设计面临重大的挑战：如何打造独具地方特色，又能满足城市活动功能的城市滨水景观。

场地主要是涪江冲击出来的滩涂，多为砂卵砾石，渗水严重，场地外围是已修筑的可抵御20

年一遇的防洪堤，设计师面临的问题是：如何构建与洪水相适应的景观？如何保护作为城市稀缺资源的中心区域湿地？作为城市未来发展的核心，如何通过场地景观设计来激活城市活力？

设计策略

打造与洪水相适应的滨江滩地，主要通过以下4个方面来实现。

与洪水为友的弹性设计

大部分场地处于5年一遇的洪水线以下，洪

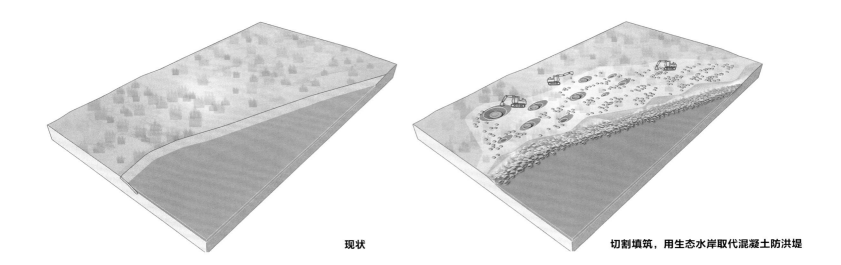

现状

切割填筑，用生态水岸取代混凝土防洪堤

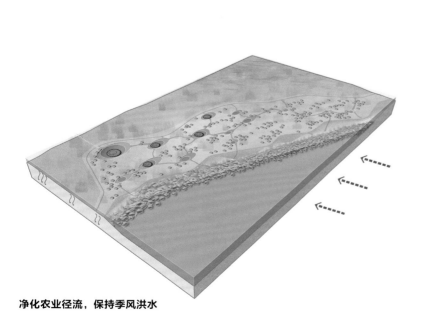

净化农业径流，保持季风洪水

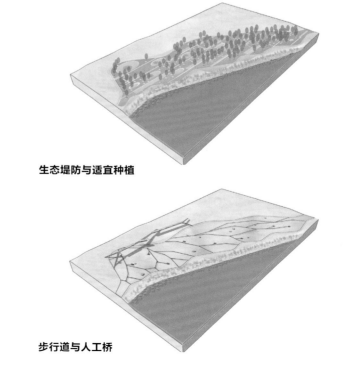

生态堤防与适宜种植

步行道与人工桥

水来临时易被淹没，所以在设计区域内，设计师利用最小干预措施，尽可能保持地理风貌，在此基础上设置人行步道系统，增加湿地的体验效果。同时，将主要活动空间及设施布置在不易淹没区域，降低维护成本的同时，也不影响场地的市民参与性。

恢复滩涂的动植物生境

构建生态护坡，在江心岛恢复原来的枫杨和草丛，并且增加树岛，为鸟类提供栖息地。

打造有活力的城市客厅

根据用地适应性及项目定位，划分不同功能区域——运动休闲区、城市阳台区、大佛寺湿地区等，设有涪江浴场、运动客厅、城市阳台、花梯漫步、江舟湿地、莲花净土、密境修行等多种活动空间，为市民提供丰富的游玩活动体验。

地方文化的深度挖掘

梳理当地的文化，提取与场地最相宜的两个文化，即大佛寺板块的佛教文化和金福岛对应的航运文化，通过场地及场地构筑的设计立体地展示地方特色、精神。

结论

公园在建成后提升了整体城市的形象，并且成为潼南的城市新名片。设计师以保护湿地，重新激发湿地的生态功能为原则，以"与洪水为友"的设计理念，挖掘地域文化特色，增加场地活力，为潼南未来的城市风貌提供了样本。

项目面积：
120000平方米
景观面积：
85000平方米
水处理净化水域面积：
62000平方米
业主单位：
武汉华侨城实业发展有限公司

设计时间：
2019年
建成时间：
2020年
设计团队：
奥雅设计上海公司公建二组
技术团队·后期驻场：
奥雅设计武汉技术组后期组

标识设计：
vetra
景观施工：
武汉鑫艺源环境艺术工程有限公司
水处理单位：
武汉中科水生环境工程股份有限公司

湖北·武汉

武汉华侨城D3地块南侧湿地公园景观提升

奥雅设计上海公司公建二组／景观设计

公园位于湖北省武汉市中心城区东湖生态旅游风景区内，处在东湖生态风景区生态休闲片区。5千米内体验性景点林立，园区被华侨城欢乐谷、生态艺术公园、东湖听涛景区、沙滩浴场等景点紧紧环绕。原湿地公园水循环系统故障，导致水体富营养化，鸟类减少，空气质量下降，园区虽依托东湖景区，却门可罗雀。

特殊的地理位置和特殊的时期，从一开始就赋予项目特殊的意义和任务。生态系统修复以及疫情后的人气再聚集成为设计的关键所在。

"人类和自然的相处是相互依存的，我们是处于生态链中的一员，对于自然公共空间的依赖是无法想象的。" 设计团队牢记尊重自然的法则，将生态的修复放在设计首位。

场地内原有水体淤泥堆积，藻类暴发，面临严重的富营养化问题。设计团队在原方案的基础上与水处理单位共同商讨，决定重新梳理原驳岸，增加新的提升泵，在补水区加设第一道物理净水屏障，再依次经过沉水植物区、挺水植物区的净化到达南侧的净水区静置沉降。物理和生物净化手段双管齐

下，让来自东湖的IV类水经过三层净化达到II~III类水标准，再借助重力势能让水汇入西侧的水生植物展示区，方便日后加以利用。

净化过后的湖水澄澈干净，波光粼粼，翠绿的植物在碧波中倒映出清晰可见的绿影。闪着日光的湖水同红花檵木和香樟林，共同组成了一幅自然的油画，让人们在一片赏心悦目的情景中流连忘返。

清澈的湖水为生灵们提供了绝佳的居所：鱼儿轻轻摇动着身体，在湖底自由游动；野鸭在水面划

动着翅膀，激起一圈圈涟漪，从湖的这头慢悠悠地划向那头。

设计团队增加沉水、浮水、挺水植物，以及在净水区中增加生态岛，在西侧水生植物展示区种植具有科普作用的植物，梳理驳岸线形，丰富水生植物品种，增加水体净化系统，构建稳定性较强的湿地植物群落，优化生态环境的同时增加了游园乐趣。

紧密分布的美人蕉茁壮生长，与置石汀步自然融为一体。郁郁葱葱的植物包裹着水上栈道，蜿蜒前行。鸟儿时而在水面轻轻掠过，时而驻足在树枝之上，时而三五成群地在荷叶上振翅、滑翔。

人与人只有色彩的不同，没有高低的差异，尊重自然，也要关注人的需求。设计团队以自然为画布，用色彩点缀绿林，在视觉上引起强烈冲击，唤起人们游赏的渴望。

　　景观第一重体验来源于视觉，色彩的变化同样牵动着情绪的变化，对人们的心理活动有着重要影响。

　　本着低成本、低影响的设计原则，设计团队选择用色彩来为原本斑驳的桥头变身，最终选用彩虹的颜色为绿意盎然的湿地公园增添一抹别样的生气，为游人带去明媚的游园体验。局部桥面铺设竹木面层，加大步行舒适感，在节点处增加观鸟台。

　　在自然里描一道彩虹，记录下治愈心灵的斑斓。蓝天白云倒映在湖面上，彩色桥面从落羽杉林中穿梭而过，留下一池的绚丽。变化的色彩配合着阶梯层层减淡，在出口处逐渐消失。

　　考虑到对湿地公园内部鸟类的保护，同时满足人的使用需求，设计团队进行了低照度防眩光设计，

既能提供人行照明，又不惊扰到动植物。夜色降临，皓月当空，云朵不再浮于蓝天，而是偷偷掉落在了人间，和彩虹一起照亮整个公园。停泊的小船荡漾在碧波之中，守护着上方的绮丽与璀璨。

　　将原有滨水景观亭重新刷漆改造，浓郁的赤色与盎然的绿意形成极致反差，成功聚焦视觉。休憩座椅的引入，赋予整体休憩站生态调性，引人进入其中，与水为伴。

　　灯光为景亭镀上浅浅的光晕，形成自然的框景，和好友临湖休憩，微微凉风轻抚，夜色中的美景尽收眼底。

　　从自然中来，到自然中去。景观是一扇窗，通过互动与体验拉近我们与自然的距离。

　　设计团队以自然、低调为主旨，在外立面使用竹木装饰，部分空出形成观鸟窗口，在观鸟亭内部增加顶部装饰以及休憩座椅营造停留空间，具有观鸟和教育科普展示的双重作用。

　　空中观景台与彩虹长廊结合，点状增加望远镜，让公园景色尽收眼底。

　　利用夜光漆在地面喷涂水流状曲线以增强动感，提升主轴步行体验，结合地面指引赋予导视功能，增强人与景观的互动性。

　　原本无趣的景观大道变得充满生气，白色流线在打破单调的同时延伸了人的视线，往来的人群间似乎也多了些微妙的联系。

结合地面漆画线增加微地形景观，依托起伏的彩虹长廊，分解空间的同时提升了人与场地的互动。

湿地公园的改造提升将场地基底的恢复与保护放在首位，着重恢复水生态系统，建立生态可持续的水体净化系统。运用色彩活化公园氛围，增加体验与互动装置，既强调公园整体形象，又赋予公园现代明快、生态自然的空间感。

自然环环相扣，循环不息，包容着所有的色彩。人们与自然为伴，经历了骤变与疾病的伤痛，越发明白尊重的重要性。设计团队坚信，敬畏自然，自然也会成为人们最好的依靠。

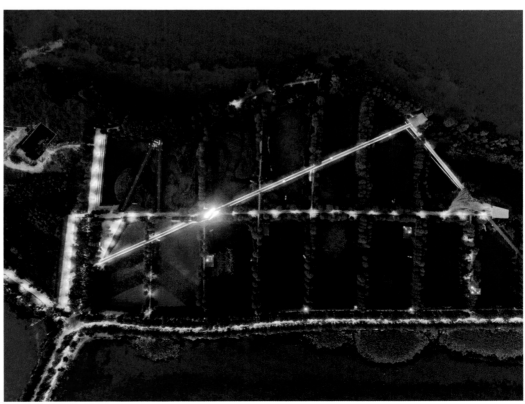

项目单体：
直径90米，高40米

摄影：
龙丘野

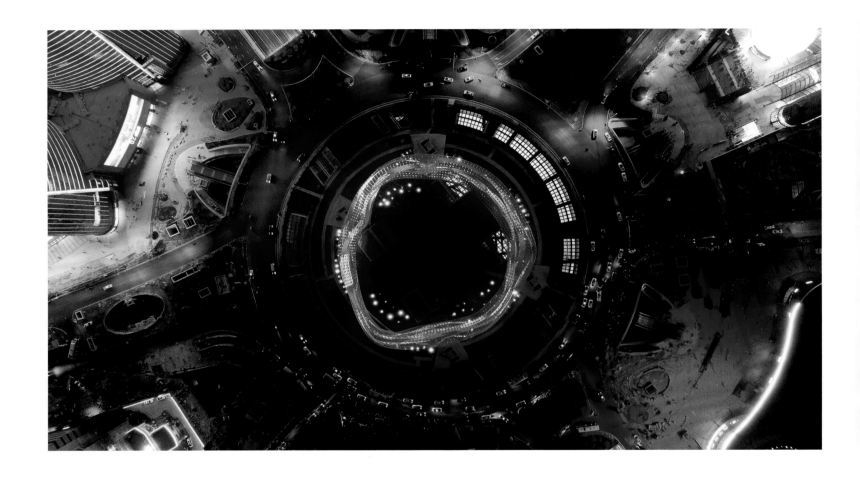

湖北·武汉

星河

北京央美城市公共艺术院（CAPA）/ 景观设计

　　雕塑位于湖北武汉光谷广场的环岛上，雕塑直径90米，最高点达40米，钢结构主龙骨有1460多吨，网壳有3780个相交点、11000多根杆件，不锈钢管总长度为14000多米，总重量达1400多吨，创目前国内单体钢结构公共艺术品体量之最。

　　设计团队试图对武汉山水城市意象进行艺术凝练与抽象表达，并结合"光谷"这个浪漫诗意的名字，力求将星空下的银河展现在人们眼前，使之符合总体规划中提出的"创新引领的

全球城市，江风湖韵的美丽武汉"的大目标。

　　《星河》这件作品传递的是一抹诗意与盎然，在环岛中心处，所构筑的星空下的银河，为在都市里奔忙而快要忘记仰望星空的人们提供一个凝望的机会，当夜色退却，《星河》便化成这武汉的山山水水，灵动、跳跃，守望着这一方希望的土地。

　　方案以天上银河为创意原点，结合武汉山水湖城的自然意象，试图柔和而整体地表达自然与

发展、传统与未来、理念与科技的视觉意象。雕塑采用通体暖白色的处理手法，它既能表达人们对星空纯洁的想象，又能与晚上流动的彩色灯光形成视觉对比，进一步传达出古老的武汉正在成为引领全球风尚的未来城市。

　　雕塑主体富有韵律的起伏造型象征武汉山水交融的城市地貌，三条显现而充满张力的曲线对应雄峙鼎立的武汉三镇，俯瞰近似玉璧的环形形态是对未来美好生活的向往，线条交织所编织出的迈向未来的梦想也将在深夜点亮。

7根交叠错落的主龙骨，构成了《星河》的主体，随着观看角度的变换，宛如山峦层叠，又如空中河流般蜿蜒起伏，演绎出与自身钢材质截然相反的婀娜灵动。雕塑配套的灯具一共用了19000个，其中14000个是定制的特形灯具。配合上亮化设计，华灯初上，《星河》璀璨，让浪漫欢腾随光线散布至光谷广场的每一个角落。

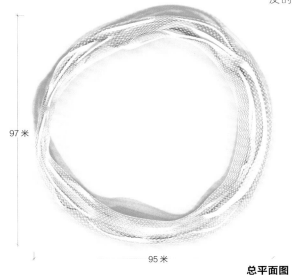

97 米
95 米
总平面图

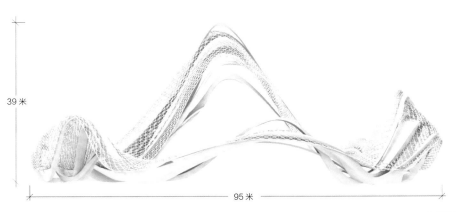

39 米
95 米
立面图

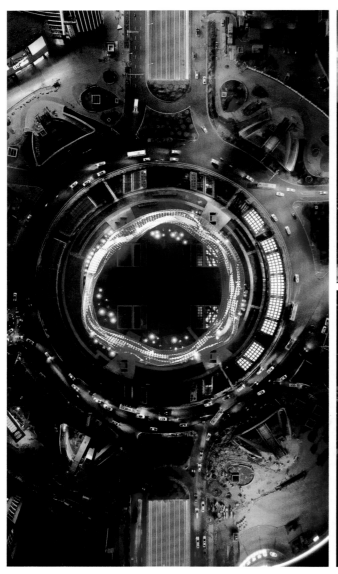

项目单体：
隧道洞内长度115米，高度5.3米，
洞外装饰面50米

设计团队：
王铬、陈洲、廖旻、谢耀盛、陈恩恩

广东·珠海

噪音涂鸦

广州美术学院 / 景观设计

该项目位于珠海市九洲大道中，与迎宾南路交会处，为典型的城市快速通行的下穿式隧道。项目立项为珠海市市政环境美化工程，为了庆祝澳门回归15周年与迎接2015年在珠海举办的第十届中国（国际）航空航天博览会，对原有市政要道进行一系列艺术改造，从而使城市文化呈现出不同的个性色彩。

设计团队旨在创造一条具有高艺术性和高水准的标志性景观隧道。其中最为重要的理念准则是，以创新的设计理念，将珠海地域文化特征与现代空间设计形式及工艺融为一体，使之简约而

灵动，造型严谨而颇具创意，同时，充分体现"独特性、经济性、超前性、功能性、安全性"。

隧道两侧图案以珠海城市剪影为原形，描绘出城市柔和的曲线，天花饰以星星点点的LED灯，人们穿行于隧道之中，仿佛置身于灿烂的烟火城市之中。

设计团队意图营造一个可随环境变化的空间，着力点在于隧道的真正主角——车，运用分贝接收器实时监测当前车辆的密度，车辆的数量实时影响着隧道内两壁的灯光，灯光会随着车辆经过产生波动，车辆越多，波动越大，如同石块投入水池泛起的涟漪。

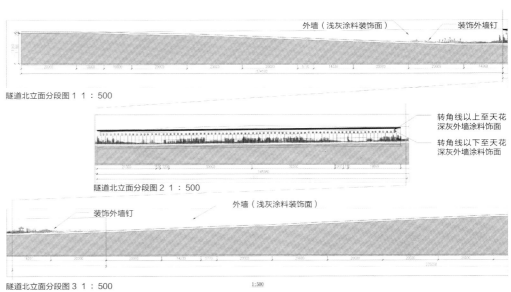

外墙（浅灰涂料装饰面）　　装饰外墙钉

隧道北立面分段图 1 1：500

转角线以上至天花
深灰外墙涂料饰面
转角线以下至天花
深灰外墙涂料饰面

隧道北立面分段图 2 1：500

外墙（浅灰涂料装饰面）

装饰外墙钉

隧道北立面分段图 3 1：500　　　　　1：500

北立面分段图

注：
1. 隧道两侧壁面均做穿孔板灯箱，分别为北面和南面
2. 北面和南面灯箱布置为镜像关系，南面比北面多 2 块灯箱板，即 81 与 82 号板

这条互动艺术隧道最大的特色是6000个反光装饰铝棒、1.7万个LED灯点和20组声音采集控制器，能预先采集10米外车辆的声音，从而根据每一辆车通行时音量的高低形成声波，隧道内的色彩会随之变换。蓝色和绿色两大主色调呼应珠海碧海蓝天的城市特色。而天际线特意设计成淡淡的紫色，寓意人们跳动的脉搏，展现出珠海的活力。

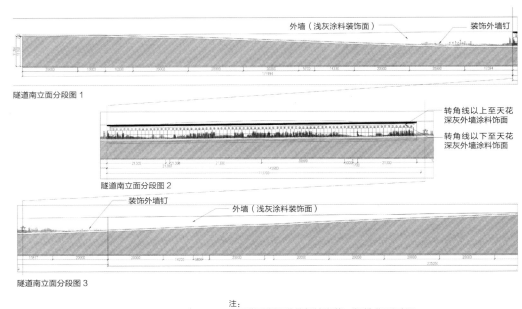

外墙（浅灰涂料装饰面）　装饰外墙钉

隧道南立面分段图 1

转角线以上至天花深灰外墙涂料饰面
转角线以下至天花深灰外墙涂料饰面

隧道南立面分段图 2

装饰外墙钉　外墙（浅灰涂料装饰面）

隧道南立面分段图 3

南立面分段图

注：
1. 隧道两侧壁面均做穿孔板灯箱，分别为北面和南面
2. 北面和南面灯箱布置为镜像关系，南面比北面多2块灯箱板，即81与82号板

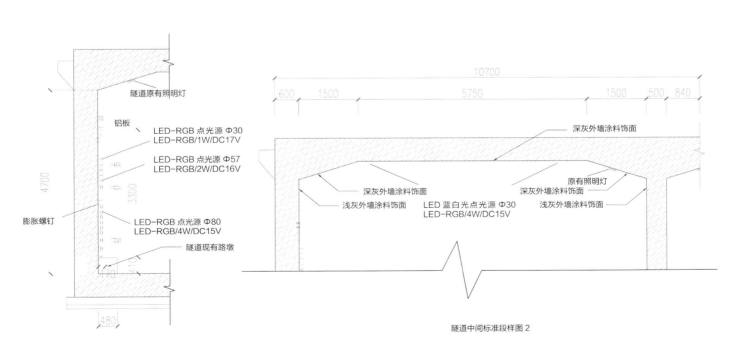

隧道原有照明灯

铝板

LED-RGB 点光源 Φ30
LED-RGB/1W/DC17V

LED-RGB 点光源 Φ57
LED-RGB/2W/DC16V

膨胀螺钉

LED-RGB 点光源 Φ80
LED-RGB/4W/DC15V

隧道现有路墩

4700

3300

480

隧道中间标准段图 1

10700

600 1500 5750 1500 500 840

深灰外墙涂料饰面

深灰外墙涂料饰面

原有照明灯

浅灰外墙涂料饰面 LED 蓝白光点光源 Φ30 深灰外墙涂料饰面
LED-RGB/4W/DC15V 浅灰外墙涂料饰面

隧道中间标准段样图 2

隧道中间标段图

人居景观————————————————————————————

项目面积：
30000平方米
业主单位：
重庆龙湖地产
设计团队：
刘展、Pax Ju、韩军、楚岭伟、李祥、段云、
文国府、蔡蕊迪、张月、吴丹、周阳、石亚斌、
李应鹏

室外软装：
盒子设计
建筑设计：
上海成执

施工单位：
重庆吉盛园林景观有限公司
摄影：
河狸HOLI摄影

中国·重庆

龙湖·尘林间

JTL Studio/景观设计

　　当下住宅景观快速发展，其重心转移到了样式、风格、情趣，所有这些东西都很难去怀疑和改变，但"人与自己""人与自然"这种本质的问题反而被忽视。景观回归真实，正是JTL Studio努力尝试的方向。龙湖·尘林间是对住宅景观的一次全新尝试，像是戏剧中的"停顿"，提醒着你可以慢下来。

　　设计之初团队还是从场地功能出发，去推演空间。但是这个东西只是空间的基本要素之一，大多数项目都是从功能到空间去做的。然

而团队更多的时候觉得一个项目的灵魂要有一些更内敛、更独特的气质，将它的价值点凸显出来。所以团队当时花更多的时间思考空间气质的画面感营造，如何去落实项目最打动人的角度。项目需要兼具功能，团队需要这个项目更特别，更加有自己的亮点。

"森居"不只作为营销的说辞，对于真正的居住体验来讲，它还反映出一种自然环境和居住生活之间的默契，它能够让人更深刻地去理解"居住"的内涵。团队相信没有人会排斥生活在一个自然环境非常好的空间里面，但往往居住的环境不够自然。团队希望有一个在真正意义上可以解释为"森居"的空间，这才是景观设计的出发点。

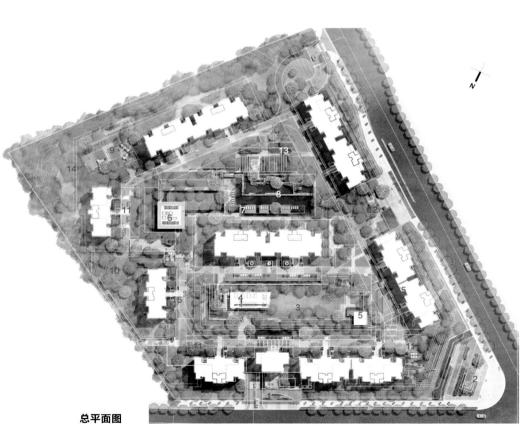

当人们走进龙湖·尘林间的时候，并没有觉得有多复杂，它的空间是非常的简约，没有太多装饰性的符号。就像团队最初思考的一样，想要项目的气质和最终呈现的空间状态吻合。人们走进场地，感受阳光、树木、花草、流水跟环境的默契，酒店化的功能体现出比较高的居住品质。比较平衡地寻找都市生活和自然环境的关系，找到一种回归生活本质的感受。

JTL Studio作为新加坡的景观设计公司，希望把新加坡居住生活的态度和对设计的理解融入项目中，景观与建筑之间相互渗透，相互有很多交流和对话。团队发现人们还是乐于接受这样的方式，会有度假的放松感受，会有对生活品质追求的具体呈现，这就是将新加坡的生活方式融入国内景观设计的一次尝试。

总平面图

经济技术指标：
红线面积：35272 平方米
景观面积：29784 平方米
其中水景面积约：1309 平方米
绿化率：60.7%

1. 主入口
2. 主题雕塑
3. 多功能草坪
4. 私享客厅
5. 摩卡厨房
6. 轻氧吧
7. 休闲廊架
8. 特色水景
9. 全龄化儿童活动区
10. 羽毛球场
11. 休闲外摆
12. 次入口
13. 密林景观
14. 景观步道
15. 入户小景

流线分析

消防分析

竖向分析

— 市政道路
-∎- 车行流线
— 人行流线
➝ 住宅入口

--- 消防车道
▭ 消防扑救面

▼ 道路标高
▽ 场地标高

项目面积：
20892平方米
业主单位：
北海兆信和瑞开发有限公司
建成时间：
2020年

设计团队：
何美霖、罗小波、王剑锋、蒲军、王红人、
张瑜玲、张小荣

项目摄影：
禾锦摄影

广西·北海

北海兆信·金悦湾

成都澳博景观设计有限公司 / 景观设计

设计背景

项目位于北海滨岸，与海相交，与市相连，远望听海，近闻市井，地理位置优越，是海岛度假生活的不二之选。

设计策略

设计团队提取地理气候优势，期望为旅居者打造全新的第四代滨海度假生活场景：在城市之上，打造一片北海独有的漂浮雨林，忙碌的都市丽人可以在雨林里探索美，从而获得身心的治愈。

设计手法

借用漂、折、叠、林、愈等设计语汇，打造治愈系海岛休闲生活场景。在中庭部分，泳池竖向设计，其上草丛灌木悬浮，给人制造漂浮雨林的氛围感受。同时，泳池边缘采用蜿蜒曲折的植物线设计，跌瀑经过退台处理，层叠交织，仿佛丰富的海岸线。在归家动线中，错落有致的热带植物似波浪起伏，如在雨林中，森影漫漫……

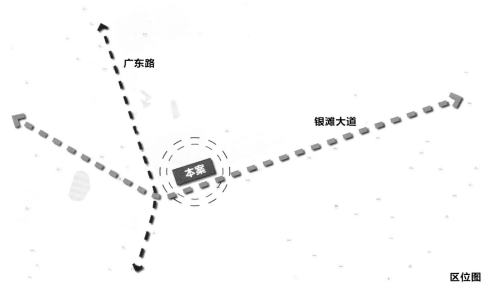

广东路

银滩大道

本案

项目区域
项目区域属于银海区域城市发展核心区域，位于银滩大道与广东路交会处。
项目距离万达广场 800 米左右，距离银滩公园 1500 米左右

区位图

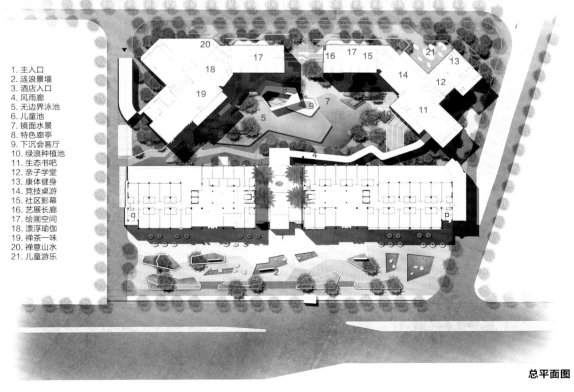

1. 主入口
2. 涟浪景墙
3. 酒店入口
4. 风雨廊
5. 无边界泳池
6. 儿童池
7. 镜面水景
8. 特色廊亭
9. 下沉会客厅
10. 绿浪种植池
11. 生态书吧
12. 亲子学堂
13. 康体健身
14. 竞技桌游
15. 社区影幕
16. 艺展长廊
17. 绘画空间
18. 漂浮瑜伽
19. 禅茶一味
20. 禅意山水
21. 儿童游乐

总平面图

项目面积:	业主单位:	建成时间:
32375平方米	成都隆中策置业有限公司	2020年

四川·成都

武侯金茂府一期

DDON笛东/ 景观设计

　　项目位于中国四川成都西三环外，距双流机场直线5千米，属于成熟区域，附近已开发楼盘较多，相对竞争激烈，周边学校、医院、公园基本齐全，社区商业已成熟，附近大型商场已经建成。

　　成都若一场千年的流水，流尽文人墨客的情韵，风骚才子的惆怅，似一份千年万古的情，牵系着古今多少人的思绪……现代中式山水景观，如何能渗透成都往日的灵韵，重新召回那

似曾相识的情感？

　　成都海棠千万株，繁华盛丽天下无，是成都的雍华；忘却成都数十载，因君未免思量，是成都的印象；晓看红湿处，花重锦官城，是得生机。在武侯金茂府的景观营造上，因尺度和高差都有其局限性，如何在咫尺之间重塑这份记忆，这就成为设计的主要出发点。

构思

　　在造型与记忆之间建立可感知的触发机制，设计的思考建立于以下两种假设之上。

　　假设一：从多层次的结构空间中凝练而来的成都印象，要比单层次地提取某个元素和符号，具有更大的潜力和更多的机会激发观者的情感记忆。

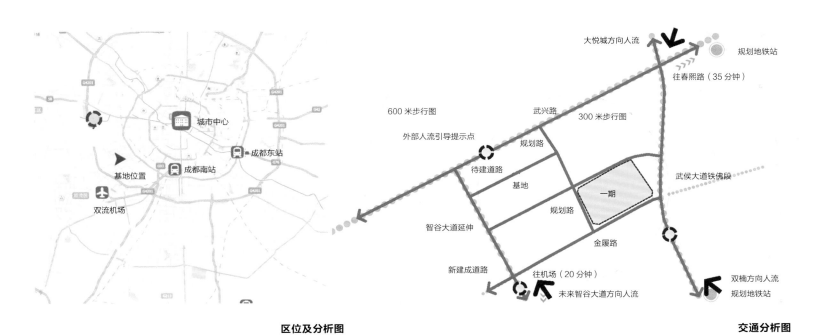

区位及分析图

交通分析图

假设二：在多个层次上抽离成都空间结构的特点，形成具有某种一致性的设计原则，能最大程度地刺激观者的似曾相识之感。

生成

自然与秩序

在庭、院、宅、府、城的五重结构中，打造独属于武侯金茂府的科技，打造独属于成都人的生活。

意象

以"成都记忆"为设计主题的场地营造，在想象层面上，能够触发似曾相识的记忆机制，那这份情感记忆到底指向的是什么类型的精神意象呢？烟雨连绵。

在场地平坦的地形上，打造下沉花园庭院，好似在腾发的烟雨中，窥见一处盆地，象征着那让人迷恋的"天府之国"成都。

三月草叶丰茂而绿肥天青，如竹入纸窗，天光浸染一点绿意。不同的空间系统和不同类型的对话，让观者在片刻的凝视中，偶获成都光景中的真谛。

成都印象

川派园林风格

"府"系经典延续

大繁至简

后记

在艺术表象之下，是生活的可感知性。在设计背后，观者找寻意象记忆。线索经主观判断，引发人们对空间的情绪，进而刺激似曾相识之感，成为人们可亲近、触摸、联想的空间表达。

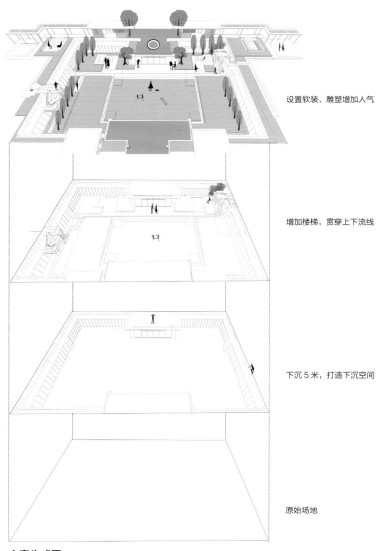

设置软装、雕塑增加人气

增加楼梯，贯穿上下流线

下沉 5 米，打造下沉空间

原始场地

方案生成图

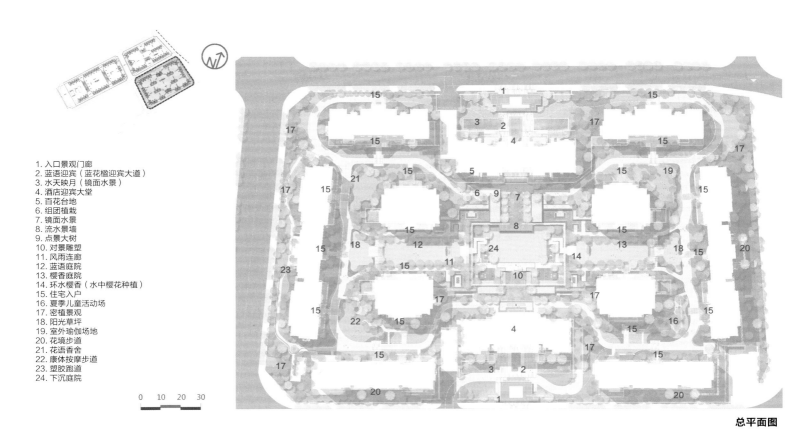

1. 入口景观门廊
2. 蓝语迎宾（蓝花楹迎宾大道）
3. 水天映月（镜面水景）
4. 酒店迎宾大堂
5. 百花台地
6. 组团植栽
7. 镜面水景
8. 流水景墙
9. 点景大树
10. 对景雕塑
11. 风雨连廊
12. 蓝语庭院
13. 樱香庭院
14. 环水樱香（水中樱花种植）
15. 住宅入户
16. 夏季儿童活动场
17. 密植景观
18. 阳光草坪
19. 室外瑜伽场地
20. 花境步道
21. 花语香舍
22. 康体按摩步道
23. 塑胶跑道
24. 下沉庭院

0 10 20 30

总平面图

项目面积：
373平方米
建成时间：
2020年

设计团队：
杨琳、陈普核、李鑫

摄影：
日野摄影

中国·重庆

高屋·林语堂

重庆远兮景观设计工程有限公司/景观设计

设计概要

　　重庆南山，因其独有的地势，无论自然风光，还是人文生活，都透露着自然惬意、无拘无束的生活状态。

设计说明

　　这是远兮的第一个项目，与戴先生一家初识便相谈甚欢，不得不说：缘分，妙不可言。也正是因为如此，在庭院营造过程中，远兮得到了更多的信任与支持。

　　戴先生的儿子在国外念书，近几年总是聚少离多，但每个人对于"家"的理解始终离不开这个"宅院"，这里就像一个充满温度的盒子，装进了一家人的生活，让住在山上的日子充满乐趣。从露台望出去，远山与树若隐若现，心也自然平静了下来，未来这里将成为他们长久生活居住的地方。

设计理念

　　院子在中国人心里一直是一个家的灵魂空间，它承载了家庭的陪伴，它给予人们太多感动。庭院的嬉戏，夏日里的仰望星空，关联着人们的生活记忆。每个院子的性格都不一样，一直没给其命名，有幸著名诗人李元胜先生赠书《我想和你虚度时光》，忽然内心豁然开朗，似乎这个就是为了院子而来的，以后远兮出品的院子都叫"虚度的时光"吧！

设计亮点

　　人本自然，远兮希望能营造"与自然共生"的景观，在享受生活的同时也能感知大自然与生活的相融，看花开花落，望云卷云舒。远兮希望把对于生活最简单的理解，带给更多的人，在连廊的光影、墙里的光景、地上的水影中感受到所有的温暖与宁静。

院子的后山便是涂山寺,禅林相伴。在禅宗精神的影响下,远兮追求一种带有空灵、简朴意境的松弛空间,利用自然环境的舒朗与院内的静谧,将"入定"放在环境与建筑的平衡上,呈现一种自然之感。

庭院之美,细节之处,往往是"最寻常处",入口放置一口老缸,朴拙、平凡,却藏一方山水,合文士雅趣……

院子划分为动静两个空间。西侧院落靠近书房,人们低头便能看到鱼儿嬉戏,抬头则见蓝花楹飘飘洒洒。院内的蓝花楹是几年前就种下的,现已枝繁叶茂,树下是家里的聚会空间,人们品茶、赏园、聊天,心随境转,安然生活。

东侧院落是一家人的主要活动区,也是厨房与室内餐区的延展。圆形水景倒映庭前花树、天顶穹窿。高处,山里的清风将树上的蓝花吹落,自由飘舞到餐桌上;低处,墙边的山石与草花生出勃勃生机。清晨走出院子,这便是一幕最美的庭院画景。

通过简约、功能化的设计,避免了色彩的视觉冲击,在空间里营造出自然简约、精致疏朗的意蕴,让这里成为尊享暖意的美学生活空间。

简洁的线条、柔和简约的形式、质朴的格调,加上纯天然材料,营造出了"与自然共鸣,与林泉为伴"的意境。每个人都有属于自己的理想庭院,

远兮在这里筑造出一个"净心花园",借此观四时微小风景,将养性情,体味自然灵性。冬春荏苒,天地自然,藏于心间,现于院中。

青砖黛瓦、雅致的建筑立面、大面积落地玻璃窗,模糊室内外空间,院里的绿意透入室内,树影婆娑装点所有空间。在宅院内喝茶、读书、写作的神仙日子,远离尘嚣,诗意生活。

温暖不仅是形式上的,更是心灵的回归。设计中,摒弃过多的装饰,将自然贯彻到底,化繁为简的空间,伴随着日常。

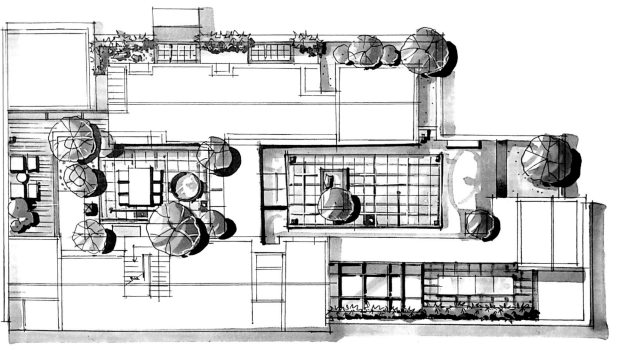

方案平面图

而更深层次的暖意来自戴先生一家的和蔼亲近，对朋友的热情，对邻里的友善。家里的小狗"蹦蹦"，欢快地在院里追着尾巴，一刻停不下来。

午后，人们围坐在院中，品尝清脆的甜李、清香的茶汤；晚间，烫着火锅，席间觥筹交错，霎时，心境明媚，暖意随之缓缓浸入心中。

设计难点

建筑中式风格突出，两进院子，开间尺度大，前期设计与业主和室内设计师需进行充分沟通，以保证功能的分配和室内外调性的统一，无论是景观场地里的感受，还是室内向外的视野都需兼顾。

该项目为山地项目，区内高差达30米，公区道路较窄，在工程实施中，大板材料及乔木运输困难，整体施工组织节奏需紧密管控。

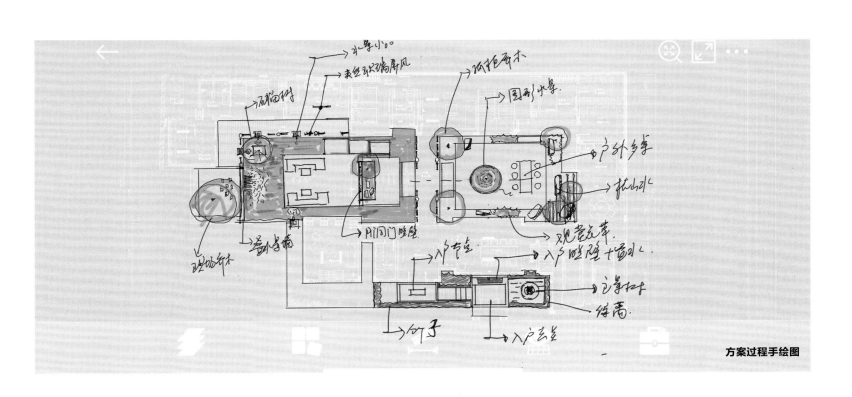

方案过程手绘图

项目面积：
26736平方米

业主单位：
重庆均钥置业有限公司

摄影：
王骁、雪尔空间摄影

中国·重庆

融创·国宾壹号院

深圳市壹安设计咨询有限公司/景观设计

2017年融创·国宾壹号院，展示了繁华都市里的桃园秘境。3年之后，实现现代城市居住梦想的大区景观如期而至。

庭院是现代人的庇护所，与建筑空间的围合相比，院子承载着与自然相通的休憩地。回归至真正当代的生活空间，需要的是物质与精神的双重丰足。先人对居住环境的理想状态是"天人合一"，但在现代城市生活的语境里，外围的浮躁、繁杂，足以让人身心疲惫。现代生活与传统环境的关系变得割裂。

带着庭院的主题，在融创·国宾壹号院项目中，在非常现代城市化的语境里，将传统庭院的写意抽象化，解构中式庭院的文化元素，以现代审美建立了多座不同主题的庭院景观，区别于城市中繁复的生活。这里干净、内敛、简洁，算是一种对严肃规整、冷漠快捷的城市生活做出的回避。

外门

入口大门，延续示范区的府院气息，铸铜狮子分列两侧，庄重恢宏，国风之气的大将之风，是人之心气的豁达之量。

院门

情趣的变化，在不同囿苑中自由转换：春夏秋冬，日月云水，庭院界限或有或无。在虚实之间，发现世间的变幻、内心的淡然，才是庇护所中的精神宁静。

户门

归家入户，门前无落叶萧瑟，让人安心，门庭前的细腻与干净，才是家的意义。

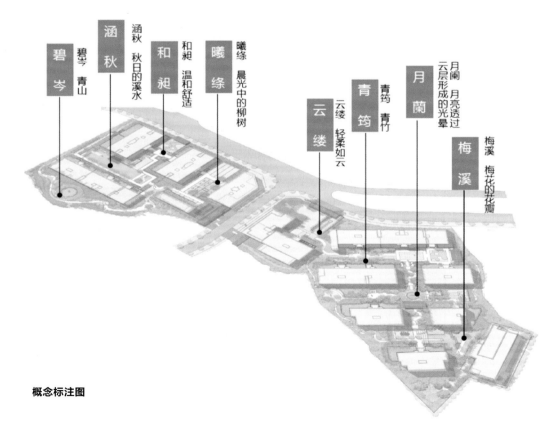

碧岑　碧岑　青山

涵秋　涵秋　秋日的溪水

和昶　和昶　温和舒适

曦绿　曦绿　晨光中的柳树

云缕　云缕　轻柔如云

青筠　青筠　青竹

月闱　月闱　月亮透过云层形成的光晕

梅溪　梅溪　梅花的花瓣

概念标注图

庭台

溯源中国传统园林，园林中的主要构筑物便是台。台，观，四方而高者也。（《说文解字》）

庭台是与自然万物交流的仪式场，与天地触手可及。

廊阁

连廊、书阁……廊屿在院景中，是游园过程中的连接地，如同穿梭于岛屿间的暖风，舒心惬意。

澜亭

亭驻留于清波之上，诗情画意便在这里缓慢展开，遮风、挡雨，在自我修整之后，或许会邂逅一场奇妙相遇，院内的亭台沿用示范区的构筑，带着原本的诗意，继于大区庭院，保留最初的景观愿景。

水澜

水的界面，划分了庭院活力，水之形并非曲线蜿蜒，在现代审美下，水的领域可以自成体系。

旱桥

以抽象的方式,在院景中增加意想不到的风趣,游园中的小起伏,给平淡的生活添上一句诗。

汀水

如果想在行路中,增添一点冒险,踱步汀水,感受踏水而行的乐趣。

松石

松石风骨,不以时迁,白石园里群松夹道,相石借景,临摹的是传统的人文写意。园林中的"骨相",世间的处事道理,在这里恒古不变。

白径

直接的路径通道,素雅的石材表皮,这些直观的表达,是现代人的生活方式。

总述

避世不是消极的处事态度,真正对大区服务的人居园林景观,在功能上是隐私的、放松的。当居住者从外界都市回归住所,心境随着环境的转变慢慢缓和。享受自己与自然的独处的时间,这是传统园林中与精神结合的居住体验。

在融创·国宾壹号院中,庭院概念贯穿始终。庭院是温馨的人居景观,在设计之初,团队便设想加上不同庭院场景的变换,转换不同心境。中式的造园内核与中国人的处事哲学不谋而合,在当代城市语言下,传统景观与现代生活融合自洽,是最打动人心的人居生活场景。

项目面积：
48000平方米
业主单位：
泰禾集团股份有限公司

建成时间：
2020年

设计团队：
郭逸原、禹志凡、龙其锋、余祥明、张家琪、黄俭、
于杨、覃光霞、尹秋云

广东·深圳

泰禾·深圳院子

深圳柏涛景观 / 景观设计

　　泰禾·深圳院子是泰禾继亚洲十大超级豪宅、北京的中国院子之后，在深圳打造的又一标杆性院系作品。泰禾·深圳院子位于宝安区尖岗山大道与龙辉路交会处，交通便利，30分钟通达全城，1小时可实现粤港澳生活圈。

　　项目位于尖岗山别墅区，拥有稀缺的低密度山水资源，可以说是出则繁华，入则宁静。项目采用中轴对称、前庭后院的布局，从北方园林的中轴对称空间意境出发，以岭南园林的空间序列设计和以小见大的景观手法展示中式的

景观之美，传递层层递进的门第礼序，体现出尊贵的归家仪式感。

设计亮点：三大造院体系
门头：门庭知礼序，建筑见威仪

　　泰禾·深圳院子南区主入口大门汲取皇家礼序的风格元素，讲究对称布局，门上纯铜打造的匾额"泰禾·深圳院子"彰显大宅门第风范。汉白玉牡丹雕花门钹，配以铜质万字纹，寓意"富贵延绵，万福万寿"。

院落：三山五景，皇家礼序

　　在整体园林规划上，借皇家三山五园胜景，将皇家尊贵礼序融入院落设计之中。

坊巷：七街十巷，处处风景

　　借鉴了福州的三坊七巷，同时融合广府本土文化，打造泰禾·深圳院子的七街十巷。通过对景、地雕、铺装以及名贵的植物花卉等元素来打造街巷，做到每街每巷都是风景。当居者寻巷而入，暂别都市的喧嚣，就会将一切的美好都沉淀在这归家的街巷当中。

人居景观

建构记录：细节见匠心……

艺痴者技必良。细细回顾泰禾·深圳院子的设计建构过程，柏涛团队投入大量时间与精力进行沟通、调整、打样与检测，匠心可见一斑。

以前庭的五岳金辉施工为例。"横看成岭侧成峰，远近高低各不同。"曦曦金山起伏，千姿百态，剖面复杂多变，在结构设计方面，五岳金辉采用了钢结构，前期规划的是多层重叠，计算每一层剖面的钢结构尺寸，光是一个组件便需要制作12张图纸。接下来3D打印出1：30的实体模型，通过更直观的效果来调整高低比例和角度。

在外观效果满意的情况下，再次优化了内部的钢结构，以多个三角形组成的金字塔高台，不仅节约耗材，更大幅度地提升了结构的稳定性，在追求精良的路上柏涛从不满足。

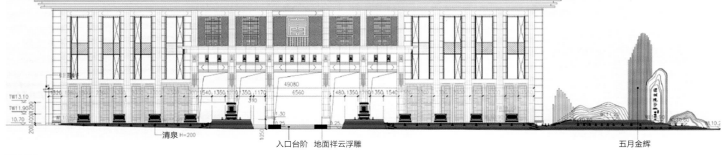

剖面图

在选材阶段，柏涛专程到花岗岩生产基地研究挑选，为项目提供充足的优质材料，经过多番对比，最终主体选用了五岳之首泰山的石料，而平台选用了丰镇黑和芝麻黑两种花岗岩，沉稳大气。

在细节拼贴过程中设计团队没有丝毫松懈，不断讨论增添细节，使山石纹理更加美观自然。

最后，在五岳之间并排铺陈灯线，确保山石与光线相映衬出熠熠生辉的效果。至此，线条轻盈如流水，不失庄重的曜曜金山才雕琢功成，圆满落地。

精工细施，臻于至善

泰禾·深圳院子从设计到落地用了5年的时间，不断打磨的耐心源于对完美的无止境追求。在此安居，可以在园林美景中品一盏清茶，吟诗抒怀，或者与家人好友同游山林，赏满目青翠，嗅花香清幽。当建筑不再只是建筑，生活才能称为生活。

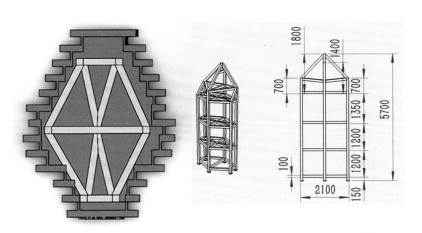

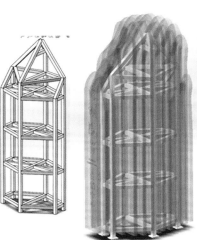

细部图

| 项目面积：
25905平方米
业主单位：
广州市振梁房地产有限公司 | 建成时间：
2020年
设计团队：
汪扬、宋朋洋、陈乙诚、高宏伟 | 设计设计团队：
沈同生、罗锦斌、Nimsrisukkul Torlarp、
陈秀琴、陈国勤、苏嫦儿、林珮晴、梁锦霞、
张小丽、Gesim Jose、李燕妮、梁丽、刘瑞贤、
陆宁、邱晓祥、邵明哲、郑衍、陈梦迪 |

广东·广州

天奕

AECOM／景观设计

千年龙脉白云山，历经朝代更迭，
古为高人隐居之地。
龙湖天奕择址西麓，
乃上风上水造就的一方贵胄之地。
作为此项目的景观设计者，
AECOM在遵循云山气韵之上，
打破传统景观局限，
将平淡的地势精心裁剪，
创造出自然雅致、随性奢隐的人居环境，
颠覆传统，打造立体园林景观。

人云水山
在在在在
景山林林
中顶间中
游行绕生

颠覆传统打造立体园林景观

项目位于广州白云区，东临白云山，西接白云湖，周围自然环境优美，交通便利。团队选择颠覆传统的单一地形的局限，独辟蹊径地创造出高低起伏的多维艺术空间，为住户开拓了一片丰富的空间层次，营造出天人合一的自然人居图。

至极大美的山水隐逸空间

游蕲水清泉寺，寺临兰溪，溪水西流。山下兰芽短浸溪，松间沙路净无泥，潇潇暮雨子规啼。谁道人生无再少？门前流水尚能西！休将白发唱黄鸡。

——[宋]苏轼

解读如下。游玩蕲水的清泉寺，寺庙在兰溪的旁边，溪水向西流淌。山脚下刚生长出来的

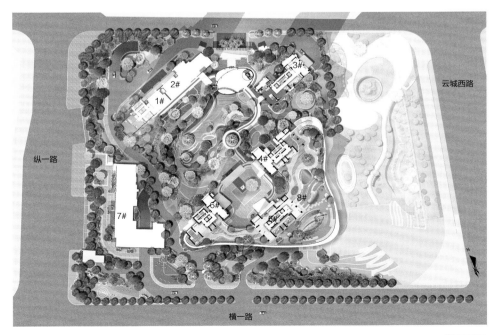

总平面图

幼芽浸泡在溪水中，松林间的沙路被雨水冲洗得一尘不染，傍晚，下起了小雨，布谷鸟的叫声从松林中传出。谁说人生就不能再回到少年时期？门前的溪水还能向西边流淌！不要在老年感叹时光的飞逝啊！

天奕将广州的传统人文气息与自然安逸的现代生活结合共生，再现心中的山水自然、潇洒的隐逸生活。人们隐匿在山水自然中，漫步森林，过潇洒隐逸的慢生活。

团队运用四大构成要素，即游园步道、风雨连廊、灵动水系、下沉花园，创造多维度的空间。游园步道，贯穿了整个园区的空间。风雨连廊，将主入口大堂及5栋住宅串联起来，是一段贴心便民的归家路线。错落有致的灵动水系激活了整个内庭，大镜面水、小溪、瀑布点缀着庭院空间。极具热带风情的下沉花园，成为整个项目的高潮之处。

游园步道

小区的入口接待大厅为一栋圆形的建筑，周围环绕着涌泉水景。悦耳的水声迎接着归家人的脚步，洗涤了城市的尘埃。具有昭示性的迎宾构架，挺拔的迎客松，渲染了具有人文气息的归家氛围感。为了营造独栋住宅的私密性和专享归属感，每栋楼都设置了酒店式的落客入户体验。

园路环绕着绿荫、流水，时有道路，时有栈桥。园中的特色天空栈桥横跨下沉花园之上，茂密的乔木从栈桥两侧生长而出，为人们提供了一段独特的观景路线，具有趣味的树屋，连接着栈桥与下沉花园。

风雨连廊

风雨连廊从主入口接待大堂蜿蜒而出，穿过绿林、水系，跃过下沉庭院，连接了5栋建筑，引导人们回家，营造出一幅景在身外、人在景中、天人合一的超自然人居图。连廊不仅起到遮风挡雨的作用，在夜间还具有灯光照明的作用。白色的构架提取于建筑元素，与建筑的入口雨棚整体统一。同时在风雨连廊的交会处，还设置了一个户外会客厅，为人们提供交流、观赏、冥想的空间。

灵动水系

各式各样的水景贯穿园区，串联景观，实现了山水相融的意境。有气势磅礴的大镜面水，有小桥流水，有奔腾的瀑布，也有曲水流觞。地面一层的极简大镜面水将周边的自然元素倒映其中，环抱户外会客厅，廊架与水景中的倒影虚实交错，交相辉映。水面将物境、情境、意境完美糅合，简洁且柔美，营造了一个休闲、观赏、冥想的写意环境。随着观者移步换景，大镜面水形成一条潺潺的溪流，如同一条闪耀着光芒的项链，串起如一颗颗翡翠般熠熠生辉的绿野，经过风雨连廊，顺势跌落到下沉花园里，形成一条壮观的白练，奔流不息，给下沉花园注入生生气息。在靠近楼王一侧，单独设置了一池镜水，缓缓流向楼王下的架空层。微微弯曲的人行桥，如一道卧虹，横跨水面。层层叠水缓缓下落，给架空层带去了湿润的空气。

下沉花园

　　瀑布从将近5米的空中奔流而下，汇于郁郁葱葱的下沉庭院，形成的溪流穿梭于热带风情的绿化之中。瀑布掩映在高低错落的热带雨林中，弯秆银海枣、美丽针葵、彩虹鸟蕉、箭羽竹芋、青莲竹芋等植物将此区域渲染出了浓郁的热带风光。结合柔和的灯光、水雾，将人们带入了仙境。整个下沉花园焕发出勃勃生机，体现世界的面貌以及人类与大自然最原始的关系。

奢隐细节

　　为了彰显低调奢华，精心打造自然山水之感，与自然的主题环境相协调，在构架与铺装上，设计团队大量使用白色、冷灰色调，用整体的黑白灰基调勾勒出山水画的深远意境。团队对光照条件进行极为审慎的考量，精准到四季光照角度与光影效果，使整个住宅区一半隐于绿荫，一半沐浴阳光。夜景灯光与构筑物的细节结合紧密，光照与形式完美统一。

结语

　　传承羊城的传统与气脉，萃取云山珠水的浪漫气质，AECOM将自然、人文及城市的精气神相融合，不仅为广州呈现了一部打破空间局限的灵感之作，而且为那些期待回归生活本质的人们带去了能与自己的精神产生共鸣的认同感和归属感。

项目面积:
约19000平方米
业主单位:
重庆怡置房地产开发有限公司

设计团队:
黄永辉、韦慧、彭仁芳、郗文、赵磊、
向星樾、杨华文、施晓文、李建、刘小源、
潘启渝、何娇娇
建筑设计:
深圳市承构建筑咨询有限公司

施工单位:
重庆吉盛园林景观有限公司
摄影:
HOLI河狸景观摄影

中国·重庆

约克郡·禧悦

重庆沃亚景观规划设计有限公司 / 景观设计

随着窸窸窣窣的叶片摩挲声,
穿越重重的密林,
踩着漏过枝丫间的点点光斑,
踏上行云般的栈桥,
眺望白云簇簇,聆听清风浅浅,
穿林涉水而归,遇见浮岛花园。

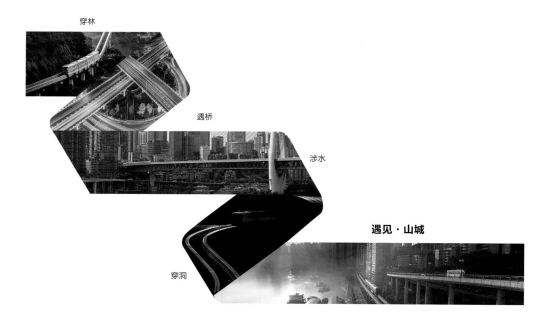

穿林

遇桥

涉水

遇见·山城

穿洞

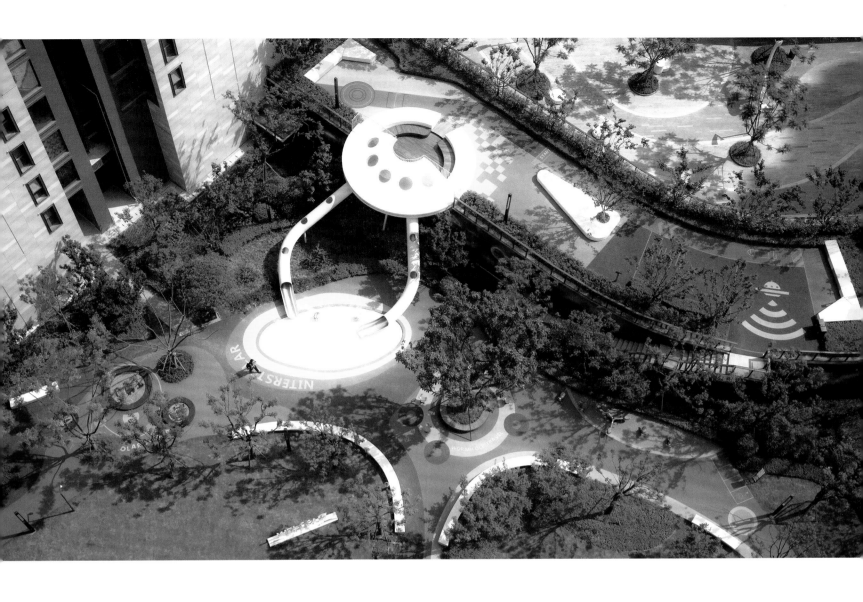

背景

基地位于重庆市渝北两江新区核心地带，背靠照母山森林公园，面临重光水库，依山面水，周边公园众多，是重庆核心绿地区域。

约克郡是香港置地在重庆打造的大型社区，"禧悦"是南郡片区的收关之作。基地紧邻地铁重光站，项目本身自带社区商业，一路之隔是光环购物公园及金科的大型商业。

场地

由于优越的区位和收官之作的定位，使项目备受瞩目。但复杂的空间条件导致设计面临各式各样的挑战：场地高差错落复杂是重庆标配，本项目也不例外；园区被消防场地切割为多个异形空间，空间碎、狭窄且局限性大。

化"劣势"为"特色"是设计的首要议题：在平面上合理规划动线与功能的同时，顺势而为，

将空间竖向延展，激活3D立体景观，将场地高效化、立体化和趣味化，丰富场地体验感和参与感，营造舒适有趣的住区环境。

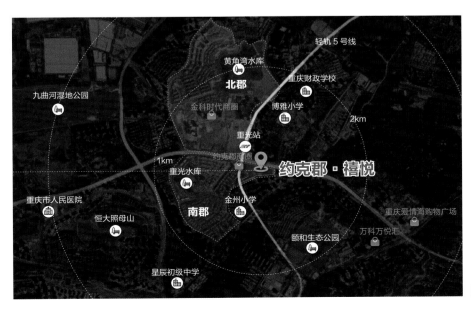

区位图

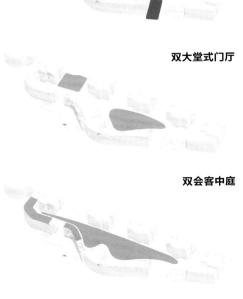

双大堂式门厅

双会客中庭

双层高差

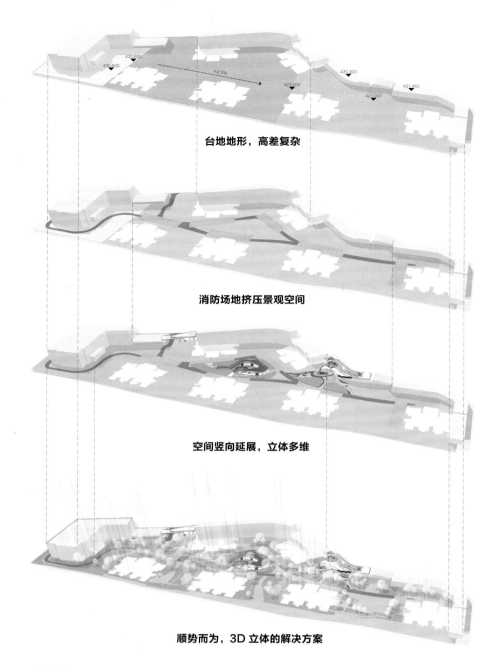

台地地形，高差复杂

消防场地挤压景观空间

空间竖向延展，立体多维

顺势而为，3D 立体的解决方案

演变过程图

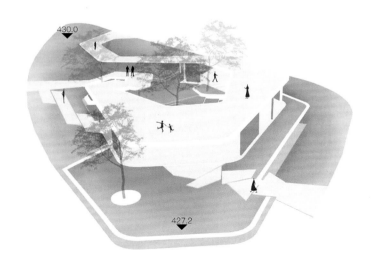

"变形金刚"将场地立体化、趣味化、高效化

局部模型图

概念

在重庆这座山地城市，人们习惯了高低起伏的天际线，习惯了在坡坡坎坎中穿梭，习惯了穿水过桥，遇水而居。场地恰好一脉相承于重庆山地景观的内核，希望顺应场地，将立体景观"长"于园区之中，将山城生活的缩影映射于此地。

概念演绎

双重功能空间,暗合重庆"重"字概念的空间设置,打造一动一静、丰富高效的景观空间。

西入口

位于商业街的入口呼应过桥穿洞的山地特色,以水幕迎人,酒店式归家让人感受到满满诚意。

南入口

入口与市政界面相接,且市政高于园区内部,我们用轻松错落的台阶和水景营造有收有放的仪式空间,巧妙地化解入口高差带来的不适感。景墙、绿荫、跌水、卡座组成一幅生动且精致优雅的归家场景。

核心中庭

核心中庭,位置核心,但矛盾也在这里聚集:场地东高西低,且被消防挤压,空间异形零碎。在设计过程中,反复尝试不同解决方案,常规的空间处理,始终无法让这个空间凸显核心,反而消防的空旷感被放大,空间异形而无用。

人居景观

最后，顺应高差，利用曲折回转的栈桥，一层变两层，"变形金刚"的空间廊架方案，完美解决了核心矛盾。

富有山地特色的生活场景——穿林过水，依山就势，立体化的核心花园得以美美呈现。

儿童活动空间

儿童区的设计条件同样不理想，位置属边角绿化，紧靠商业山墙，被消防挤占……

有了中庭立体化、顺应场地的解决思路，这里同样是"依墙就势"，创造性地把无用的商业屋顶纳入，拓展出二层空间，无用化有用。另外，本需绞尽脑汁遮挡的山墙，化身主题化的星空画面，飞碟滑梯的星际乐园成为小朋友至爱的童梦乐园。其次，还有家长看护，林下休憩等功能丰富其中……

宅间花园

公园式的绿地，蔓延至宅前屋后的每个角落，且与架空层串联成不同的主题花园，或于里廊下小叙家常，或于楼下花园动动筋骨，还可以带着宠物奔跑于绿野之间，享受生活的闲适惬意。

结语

在样板区发猛力，大区普遍不给力的时代，禧悦大区不仅做出了媲美样板区的画面，更重要的是通过巧妙的设计，化解了场地的矛盾与不利，营造了"属于场地本身"的立体景观，给业主以回归自然的公园感，清新大方的时尚范儿，紧贴生活的场景感，回归生活本质的感受，为未来的社区生活提供更多可能性。

总平面图

项目面积：
71044平方米
业主单位：
永威置业
建成时间：
2020年

景观施工图深化及后期服务：
重庆道合景观
建筑设计：
日清设计
室内设计：
深圳市朱志康设计咨询有限公司
标识设计：
上海柏熙标识设计有限公司

施工单位：
河南省嘉郁园林绿化工程有限公司、
郑州德艺景观标识设计有限公司
摄影：
林绿、是然建筑摄影

河南·郑州

郑州永威森林花语

metrostudio 迈丘设计 / 景观设计

"每个人都会拥有属于自己的森林，那片森林是我们的领地，
是我们的归属，是我们不愿他人踏足的秘密之地。"

——村上春树

结自然为邻，邀花木相伴，听微风细雨；
不争半城湖山，只居咫尺深林；
把家安进森林，邂逅诗与远方……

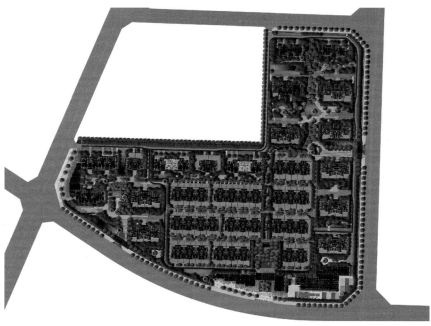

总平面图

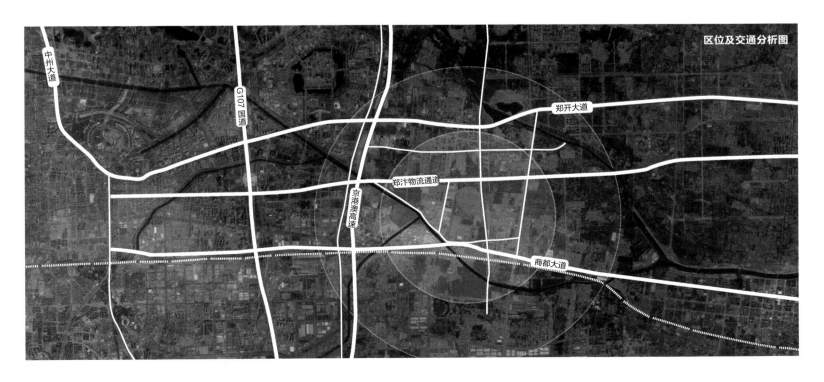

区位及交通分析图

项目背景

郑州永威森林花语位于郑州市郑东区白沙组团，西邻郑东新区，东挨绿博组团，东南方双河缭绕，四周绿荫抱团，森花树语，飞鸟闻啼，故得名——森林花语。景观设计结合商务核心区形象与现代都市田园风貌，打造现代自然森林系列的高品质情景社区。

设计理念

建筑设计采用简约、典雅的风格，造型生动细腻、气派而稳重，给人优雅、大方的整体感受。景观设计延续建筑的简约设计，从"森林守护神——山神"和"随风摇曳的花瓣"中获得灵感，紧扣"森林花语"主题，将生活的简约与内涵融入每个细节，把森林"搬"回家，营造"人在画中走，小区在森林公园中"的高品质、舒适生活社区体验。

森林入口

晨曦沐霞，绿树环绕，共同聆听微风细雨……

在入口迎宾处，错位的树池设计搭配简洁的乔木，静水映射出周围树木的婆娑倒影，自然、安静、简洁、纯粹，营造尊贵与空间感。水底散置的片石，营造质朴、自然、生态的空间感。

人居景观

森林秘境

不争半城湖山，只居咫尺深林。

从入口展示空间穿而寻幽，入眼即是蔓延的绿意。南北景观轴线是整个小区最长的轴线，贯穿整个园区。景观轴以森林为依托，结合丰富多彩的林下空间，打造森林展示长廊。

密林幽深，水景盈盈，素气云浮，雾霭氤氲，造一隅蒙密的森林秘境。自然主导的设计，会客于森林之中，静享互生共融的生态社区。

鹿鸣花园

邀花木相伴，感受花香鸟语。

次入口沿着参差的步道探索，浓密的森林仿佛一所秘境花园，蝴蝶艺术装置在林间翩飞，林鹿雕塑在丛间掩映，幽静自然，聆听微风细雨。

水景广场

设计将自然景观引入居住区内部，通过特色铺装和水景，自然衔接为一体，让业主在充满自然与放松的气息中，轻松交谈。

杉林叠瀑，错落有致，谱写水涟三曲；浅水汀步，静石驳岸，幽若山林清泉。阴翳的林木与水底散置的片石，营造质朴、自然、生态的空间感。

森林会客厅

"呦呦鹿鸣,食野之苹。我有嘉宾,鼓瑟吹笙。"郁郁林下,绿坪与鹿与厅,会客于林野间,共享富氧气息,共谈惬意人生。

森林栈道

苍翠的乔木,在绿坪投下大片阴翳,"浮"在植物之上的栈道、活动草坪营造视线开阔的林荫空间,展示轻松活跃的气氛。

宅间花园

结自然为邻,邂逅诗与远方。

不急于显山露水、冲向云霄,别墅小院循着自然之光而来,散落在生态林间。幽幽的庭院,花草生机勃勃,归家邂逅最沁人心脾的自然风。

和煦阳光、暖暖微风,绿树浓荫掩映,各色繁花相映成趣,静谧优雅的环境悉数汇聚于此。择一惬意的午后,品茗聊天,轻声细语,谈笑间光阴似箭;徜徉自然,伴着花木清香,纳藏曼妙时光。

项目面积：
10000平方米
业主单位：
中国铁建股份有限公司
主创设计师：
Tawatchai Kobkaikit

设计团队：
Patinya Boonmee、Jeerawat Sirivech、
Punyada Klinpaka、Phurit Sheeranangsu

施工图设计：
景度设计
摄影：
HOLI河狸景观摄影

四川 · 成都

中国铁建 · 西派浣花

TK STUDIO／景观设计

设计目标

　　坐拥着浣花溪板块的人文特色和源远流长的历史文化，西派浣花项目被中国铁建定位为成都高端住宅项目。

场地特征分析

　　浣花溪是历史文化风景区的核心区域。西派浣花项目位于成都二环路旁，项目旁边主要是住宅用地。项目里分为两种住屋——西北的是设有豪华主入口和园林的别墅建筑；其他的土地则建有3栋住宅。项目中各类单位的住户均可自己游览、使用西派浣花里每个角落的景观。

设计标准和概念

　　中国书法蕴含了中国深厚的历史文化与大自然，它除了是记录数千年历史的重要书写工具，更能通过其灵动优雅的笔触，传达出和谐美好的气息。柔和的曲线创造了多元活力的景观总图。故在此项目中，不论是平面，还是纵面与立体设计，景观都采用了以中国书法为蓝本的曲线线条。

景观设计方案

　　项目景观分为3个主要庭园，分别是诗赋庭、月门庭和茶院。它们代表了中国传统文化的核心价值，包括文明社会、家庭观念和享受慢活。每个庭园都环抱着一栋住宅公寓，周边的土地以特色的小庭园形式来呈现。

　　色彩的空中步道连接了各个户外空间。透过空中步道，住户可以随意走动而不被车辆流动打扰。

区位图

诗赋庭：特色浅水池的池底印有中国诗词，随着水面波动，把文化底蕴蔓延到项目每一个角落；曲线有助于分隔场地的不同功能空间，而且能带进更多元的流动。

月门庭：蜿蜒的空中步道创造了立体而多层次的景观空间，不仅包含叠水装置，而且设有小型户外剧场。

茶院：供住客享受慢活的遮阴休憩空间，并设有茶叶园。

围棋庭是被水景环抱的口袋空间。在这里，住户可以享受在宁静环境中与亲朋下棋的乐趣。

面谱游乐场是充满色彩的玩乐空间。受到中国传统面谱艺术的启发，景观采用了鲜艳的色彩和流动的线条设计出活力缤纷的空间。中国文化中家庭是特别重要的一环，所以景观中也设置了家庭座位，让家长可以一边陪伴小孩，一边欣赏园林风景，促进家庭的互动。

结论

西派浣花是别具一格的住宅景观，成功地把传统文化与现代设计结合，创造出独特的景观设计。

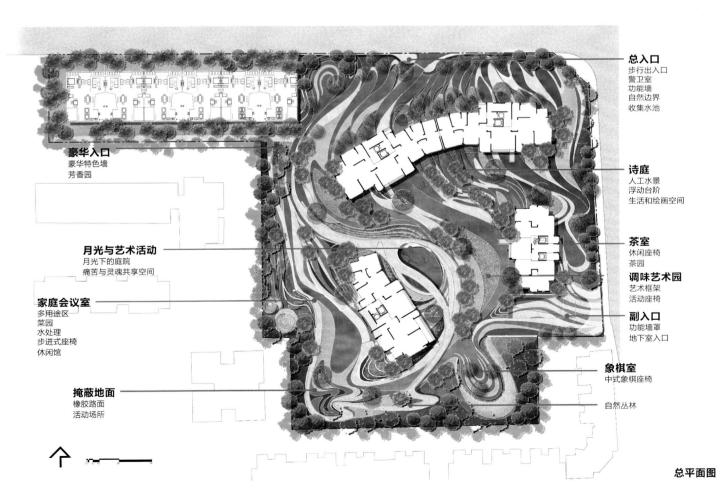

总入口
步行出入口
警卫室
功能墙
自然边界
收集水池

豪华入口
豪华特色墙
芳香园

诗庭
人工水景
浮动台阶
生活和绘画空间

茶室
休闲座椅
茶园

调味艺术园
艺术框架
活动座椅

月光与艺术活动
月光下的庭院
痛苦与灵魂共享空间

家庭会议室
多用途区
菜园
水处理
步进式座椅
休闲馆

副入口
功能墙罩
地下室入口

象棋室
中式象棋座椅

掩蔽地面
橡胶路面
活动场所

自然丛林

总平面图

155

业主单位：
龙湖地产有限公司（重庆）

施工单位：
蜀汉园林（叠拼组团）、吉盛园林（洋房组团）

摄影：
HOLI河狸景观摄影

「山 城 ／ 亚利桑那」

森 林 山 居　　邂逅　　仙 人 掌 景 观

中国，重庆

重庆龙湖舜山府三期

LANDAU朗道国际设计/景观设计

"每一段故事诞生的地方，都有一种'美'存在。我们与其邂逅，被其触动，心生涟漪，新的故事便随之诞生。"

——赤木明登

缘起亚利桑那

梦想之地亚利桑那拥有举世闻名的沙漠景观，平坦的地貌上生长很多各种各样的仙人掌，

很难想象世界上会有这么多有型的、有质的、有色彩的仙人掌，这样的别致景色总是能够勾起我们心中对异域情调的向往。

提到重庆，脑海中浮现的是高低错落、起伏跌宕的楼房和秀丽的山景，而提到亚利桑那，人们立刻会想到热情似火的沙漠和千姿百态的仙人掌。当山城遇见"亚利桑那"，在绿意葱翠的"森林"里打造一块沙漠景观，两种完全不同景观的碰撞会擦出怎样的火花呢？

设计过程

在现有的山居文化体系下，打造生活场景的多样性，结合亚利桑那州具有代表性热带植物景观，与山城人邂逅新的生活片段。根据现场复杂起伏的地势，运用传统的"高处筑台，低处挖池"的造园手法，处理地形的高差并创造多样化的景观，以丰富住户的居住体验及其观赏趣味性。核心庭院尽显多样自然情趣，宅间树巷再现森林密境，以不同的自然空间演绎全新的生活方式，打造舜山府居住环境的极致体验。

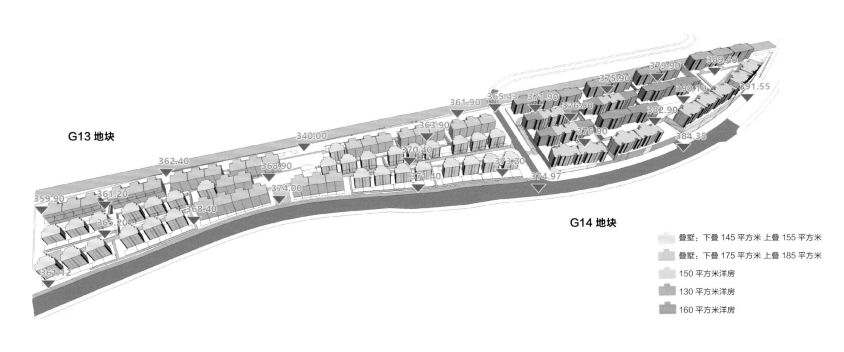

G13 地块

389.40
379.90
375.90
390.10
391.55
361.90   365.43   371.90   376.90   382.90
340.00   363.90   376.90   384.35
362.40   368.90   370.40   373.20
374.00   371.40   374.97
359.90   361.20   365.20   368.40
361.12

G14 地块

叠墅：下叠 145 平方米 上叠 155 平方米
叠墅：下叠 175 平方米 上叠 185 平方米
150 平方米洋房
130 平方米洋房
160 平方米洋房

住区分布示意图

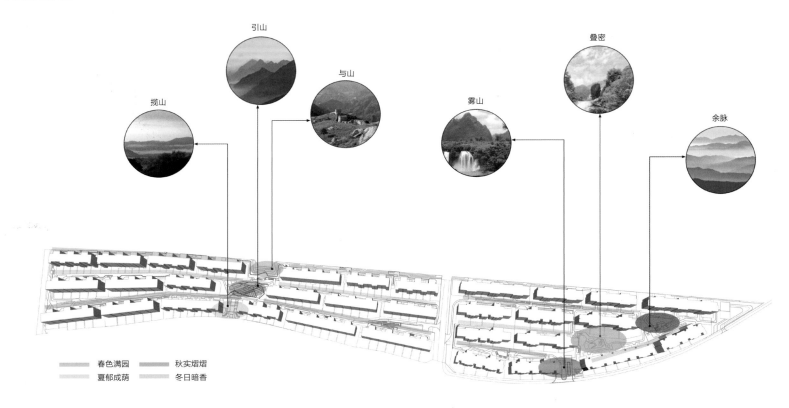

揽山　引山　与山　雾山　叠密　余脉

春色满园　　秋实熠熠
夏郁成荫　　冬日暗香

位置标注图

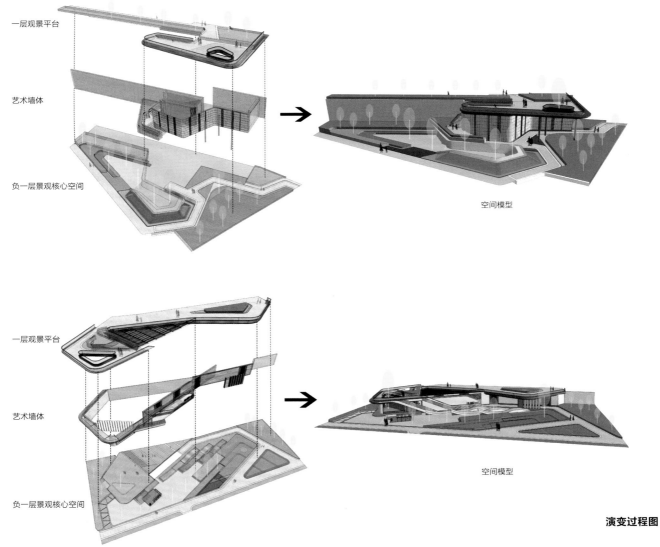

一层观景平台

艺术墙体

负一层景观核心空间

空间模型

一层观景平台

艺术墙体

负一层景观核心空间

空间模型

演变过程图

人居景观

登高望远，自然成趣

进入社区即到达俯瞰八方、视野开阔的观景休闲平台，利用项目南高北低的地貌优势，打造入口台地景观设计，抬高的台地使建筑、景观具有丰富的层次感，并具有"登高望远"般开阔的景观视线，彰显了雄踞高地之上的尊贵感。

舜山府地处照母山，而照母山是一座被赋予浓厚孝道文化的名山，因此在入口对景处设计了一座银杏雕塑，寓意着落叶归根、常回家看看的简单朴实道理。团队也借此去倡导和发扬传统孝道文化。

在绿意葱翠的"森林"里打造一块热带景观会碰撞出怎样的火花呢？两种不同景观的相遇更多呈现出的是包容，即你中有我，我中有你，"森林"里多了一片温暖，"沙漠"里多了一丝清凉。

与山为伴，以水而悦

以台为山，以池为湖。山与湖交相呼应，营造兼具居住体验与观赏趣味的自然情趣。且在情趣之外，还给人一种"回家"的幸福感和生活的舒适感。

照母山公园的绿脉像流水般漫延到园中的各个区域。阳光草坪就是诗意画境中的留白，以此描绘一幅动人的生活自然画卷。此景如诗如画，生活在此眼前已没有了苟且，而只有诗和远方。

引山入园，碧湖映月

沿着归家道路，跌水随行，踏水而归，作为全园活跃的社交中心，利用高差关系设置了休闲观景平台，让业主有更多互动与交流的可能性。

林荫小巷，疏影浅斜

阳光在叶子中偶尔露出星星点点的光斑，铺在地上，人们静静地走在石板上，享受这美妙纯净的一刻。抚摩着树干，或低头嗅柔弱小花的芬芳，或抬头看树影婆娑。不经意间以为到了幽静的森林，其乐无穷。

结语

至此，繁华落尽，捧一杯清茶，眼眸飞向了远方，听着鸟儿在树梢枝头欢快地鸣唱。深呼吸，一尘不染的空气倾泻心肺。着眼于眼前难得的恬淡，或许才发现生活的真理：最本真的即为最醇浓的，你真正所需的其实并不多。

效果图

休闲景观——

项目面积：
约200000平方米

业主单位：
秦皇岛阿那亚房地产开发有限公司

主创设计师：
叶田景

河北·秦皇岛

阿那亚黄金海岸社区

深圳泛宇境筑园林景观有限公司 / 景观设计

项目位于中国河北省秦皇岛市昌黎县黄金海岸中区，是一个全资源滨海旅游度假综合体，是中国北部一线亲海的全资源玩家胜地，是北方夏季度假首选之地。整体自然条件优渥，有着大面积的滨海沙滩、丰富的沙丘、滩涂湿地和原生林地。因此，在开展景观设计时，在不干扰原始生态环境的情况下借用美丽的资源，展示周边自然条件，融入"人生可以更美"的理念，同时营造极具人文气息的环境，是设计团队首要考虑的问题。

1. 五期 聆海小院
2. 泳池 儿童托管中心幼儿园
3. 湿地体育公园
4. 四期 小镇南区
5. 国际酒店
6. 海边音乐厅
7. 第五业主食堂
8. 马术表演中心
9. 社区生活汇
10. 新世纪儿童食堂
11. 安澜酒店
12. 阿那亚影院
13. 儿童农庄
14. BACCO 意大利酒庄
15. 第三业主食堂
16. 艺术中心
17. 单向空间
18. 海边市集
19. 小镇中心广场
20. 四期 小镇北区
21. 刺槐林带
22. 国际青少年营地
23. 三期 小院西区
24. 隐庐酒店
25. 灯光球场
26. 民宿中心
27. 伴海洋房
28. 孤独图书馆
29. 房车营地
30. 海边礼堂
31. 海风酒吧
32. 地中海酒店
33. 第二业主食堂
34. 邻里中心

总平面图

阿那亚黄金海岸社区是一个全资源滨海旅游度假综合体，坐落于河北秦皇岛昌黎县黄金海岸中区，是中国北部一线亲海的全资源玩家胜地。本项目**位于秦皇岛黄金海岸一线海滩**，距北京 247 千米，距天津 200 千米，距唐山 92 千米，距秦皇岛市区 45 千米，项目周边交通发达，北戴河火车站**每天有近 20 趟火车往返北京**，2 小时左右到达

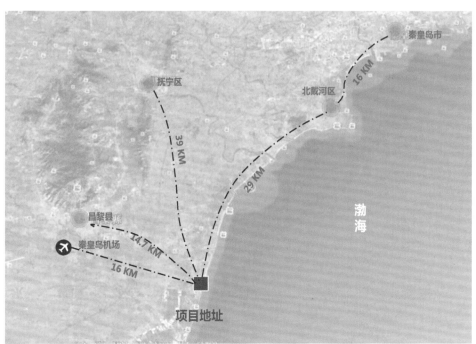

区位图

基本交通路线图

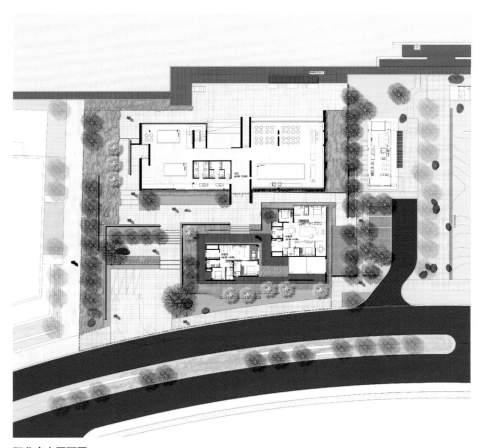

职业中心平面图

此外，项目沿海岸线发展，因为海岸线是最稀缺的资源。在设计和打造项目时，更应该考虑如何因地制宜，以作为现实"乌托邦"社区，创造场地需求，带动周边配套共同发展。经过7年对项目的分析与对设计方案的反复推敲，团队对海岸线景观资源的保护与利用、植被的生态修复、未来生活的打造3个方面进行实施。

设计以未来生活为原型，赋予多维度的内容，将自然情感与人们精神两大维度相互渗透，最后形成"3D"的景观空间，从而提出"人生可以更美"的概念。从海岸线中衔接多样化的功能，用一条海边慢跑道，把诗意景观串联起来，让大家在海边获得物质生活享受的同时，在情感上、精神上也能找到连接和寄托。不断扩散，

潜移默化地与天然资源有机融合，连通活力商业市集、生态休闲、人文娱乐、科普教育、康养运动等不同活动类型，从而形成了不同的功能形态，最终打造独一无二的景观环境。让阿那亚成为一个美好生活方式的生态群落，一个无边界的文化艺术融合之地。

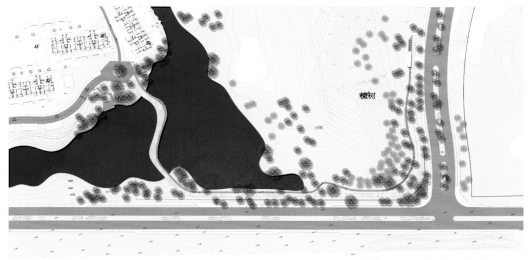

景观桥平面图

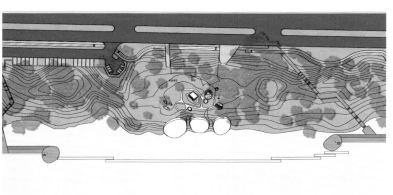

沙丘美术馆平面图

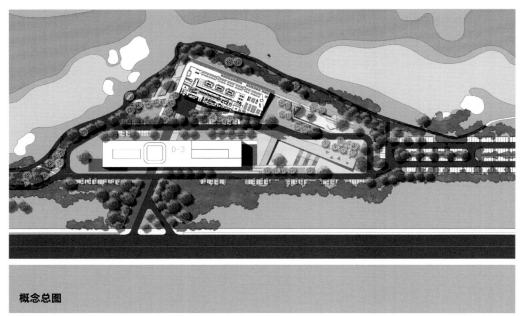

概念总图

植被生态修复——环境的修复与再生

采用植被恢复来改善土壤，恢复生态系统。应用幼苗种植技术，以创造刺槐林树木生长的最佳环境，为低地植被幼苗提供相适宜的生长环境。设计团队根据植被的演替速率和灌溉水源条件，做出了相应的植被群落的分布和搭配。同时，恢复该场地的植物，在修复过程中利用当地优势物种，对景观典型性、完好性的生态滞留地植被进行保留，并适当地去除入侵物种，引入有景观价值的植物，丰富植物结构。

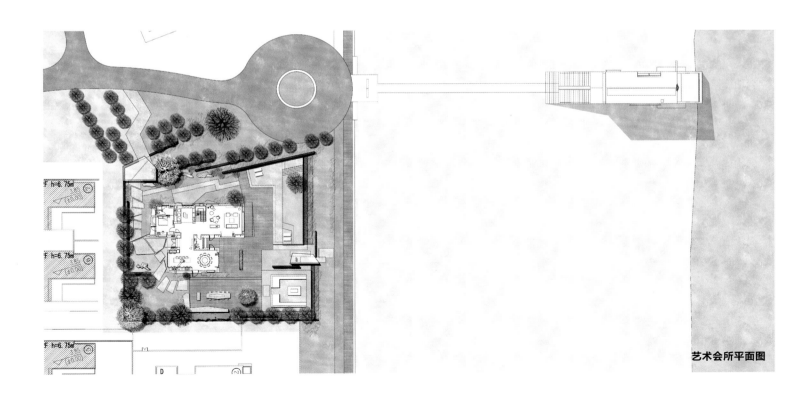

艺术会所平面图

海岸线景观资源的保护与利用

在黄金海岸，尤其在海边的人文地标孤独图书馆、礼堂、沙丘美术馆、文创中心、剧场等精神建筑周围，打造诗意景观，实现海岸线保护与利用的经济效益、社会效益与生态效益相统一。同时，景观借用海景，以几何形状规则种植观赏草，排列在人口步道两侧，形成一道天然的视线引导。将周边环境融入景观氛围内，做到景天合一。

未来生活的打造

在阿那亚马会驰骋的马匹属于辽阔广袤的空间。在有限的用地条件下，设计一处马匹与人类的共有活动场所，同时最大程度保留马的自由，是对它们的基本尊重。大尺度户外空间面向基地西北侧的大片自然树林，同时作为道路和自然林间的缓冲空间，促使马匹活动时更为放松。在思考项目总体布局时，马匹和游人两个受众群体是团队的思考重点，该项目是一个能使两者皆自在的场所。两个群体主要活动区域之间的弱分隔，在保证空间相对独立的同时紧密衔接，宛如人与马的关系——独立、亲密又自然。

打造动物繁衍栖息的生态乐园

野泽有仙禽。将阿那亚黄金海岸社区湿地体育公园片区打造成幽深静娴的沼泽湿地，成为动物繁衍生息的家园。景观桥的流线设计，考虑人车分流，划分人车材质铺装，同时预留游人停靠停留空间。

利用人工造林恢复植被，种植湿地植物，恢复水域，营造高草湿地型、低草湿地型和浅水植物湿地型等不同的植被风貌，吸引不同的动物来此觅食、筑巢、栖息，形成丰富的景观层次，构筑候鸟迁徙通道和栖息地。

结语

阿那亚黄金海岸社区内的设计，兼顾基础生活的丰富与精神生活的充实。深入了解阿那亚场地和平衡自然环境，将人类多维度情感融入景观环境当中，给未来的文旅景观带来了指向性和思考性的作用，深刻表明景观的未来使命，更加注重人、自然、生活全方位的和谐统一。

在项目完成开放后，全国各地的人都前往参观，不仅是社区内的人，周边城市的人都找来了，这是个真正能够让人慢下来、静下来的地方。除了休闲度假之外，人们在这里参与邻里互动，展开活动。同时，与自然、与大海、与自我展开对话，寻找一种更宽广的精神生活。

项目面积:
30100平方米
业主单位:
启东盈泰置业发展有限公司

建成时间:
2020年

摄影:
Shrimp Studio

江苏·南通

洲颐温泉酒店

MPG摩高设计/景观设计

启东洲颐,位于有着长三角"长寿之乡"美名的启东元龙湾国际旅游度假区内,毗邻中国四大渔港之一吕四港,拥有高品质的天然深海温泉。

唐风雅居

"洲颐"象征着"相聚一起,颐养康乐"。"洲",取自《诗经·尔雅》,意为聚。"颐"者,养也,出自《周易》,品味颐养之道,修身养性。团队希望借唐朝园林中理想的隐逸归处来为"洲颐"画像,以此描绘诗画情趣、意境含蕴的生活畅想,打造一处融合自然、人文,隐匿于黄海边的唐风雅居。

1. 大巴落客区
2. 入口水景
3. 花径
4. 停车场
5. LOGO墙
6. 特色水景
7. 商业入口
8. 对景松
9. 中庭水景
10. 高尔夫沙池
11. 次入口
12. 观景亭
13. 枯山水
14. 木平台
15. 景观桥
16. 停车场
17. 前庭水景
18. 酒店后院枯山水
19. 浮岛
20. 小游园
21. 假山石

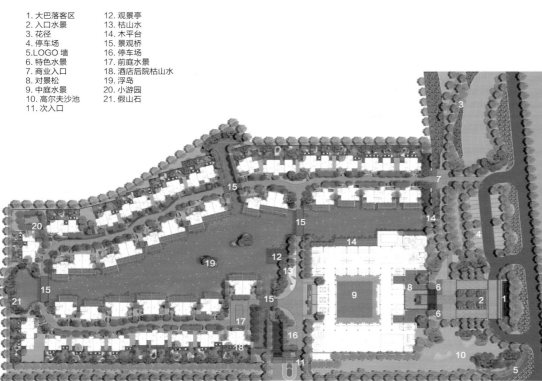

总平面图

引水入园

水在传统园林中不只是一个物象的名词，更是浸润了文人雅士对世事万物的哲思。在唐朝，不论是别业山居，还是宫苑游苑，水景常以其开阔辽远占据园林中的重要地位。

在挖掘场地的资源和探索唐朝文化的过程中，团队将酒店内的温泉与周边河流资源进行整合，将"水"作为设计切入点，打造完整的中央水系。以大堂为起点，水流一路而下，串联堂——社区中心、街——风情商业、铺——特色店铺、栈——精品民宿，实现空间与景观的强连接。将唐长安城的里坊、市落于场地，打造出具有新唐风特色的旅游度假区。

项目面积：
8000平方米
业主单位：
阳江市海陵岛北洛湾旅游开发有限公司
建成时间：
2020年

主创设计师：
谢锐何
设计团队：
卢建喜、卓桂林、麦思亨、林亨都、梁嘉美、
崔慕华、朱小冬、陈伟杰、覃恺

代建单位：
广州祥道园林工程有限公司
摄影：
广东华恒传媒有限公司、广州邦景园林绿化设计
有限公司

广东·阳江

北洛秘境悬崖泳池

广州邦景园林绿化设计有限公司/景观设计

　　"野奢假期"，透露着人类渴求返璞归真的愿望。"野"于自然、"奢"于品质，在大自然面前，再好的人造景观都黯然失色，珍视自然，融入自然，才是极致享受。

　　项目位于广东阳江海陵岛西南端，海陵岛享有"南方北戴河"和"东方夏威夷"的美称，是南方的度假胜地。该岛未来将打造成巨型综合文旅项目——开发住宅、别墅、度假酒店、商场购物建筑群，配套滨海运动场地、水上剧场、儿童水上乐园、湿地公园、酒吧风情街、康养公园等休闲娱乐场所。

　　经过设计师多次实地考察、勘探、取景，最终发掘出了用地发展潜力可观、地质地势满足建造条件、拥有最佳朝向及观景视野的场地。在南侧悬崖之上，泳池三面环山，南面临海，占地近3000平方米，建造历时15个月，耗资近4000万元。

理念：凡尘之外·与海为邻
泳池三面环山，南面临海。

格调：简·奢
　　设计采用现代极简手法，怀着对自然壮丽之景的无限向往，用最少的线条、最少的色彩，以及对生态最低的干预行为，在陡峭悬崖之上"放置"一座泳池，让其与周边山海环境紧密相连，让游客真正地投入到山海与天的怀抱。

亮点一：清新明媚的度假氛围
　　北洛秘境悬崖泳池坐北朝南，北倚山峦，让游客迎着南面最柔和干净的海风，观赏太阳

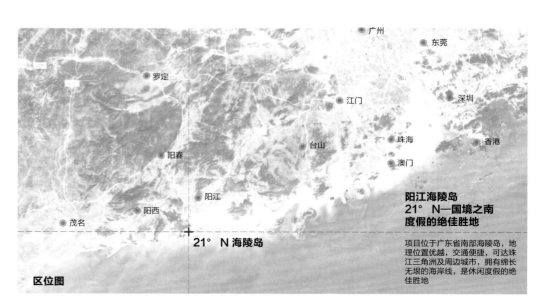

广州
东莞
罗定
江门
深圳
台山
珠海
香港
阳春
澳门
阳江
阳西
**阳江海陵岛
21°N—国境之南
度假的绝佳胜地**
茂名
21°N 海陵岛

区位图

项目位于广东省南部海陵岛，地理位置优越，交通便捷，可达珠江三角洲及周边城市，拥有绵长无垠的海岸线，是休闲度假的绝佳胜地

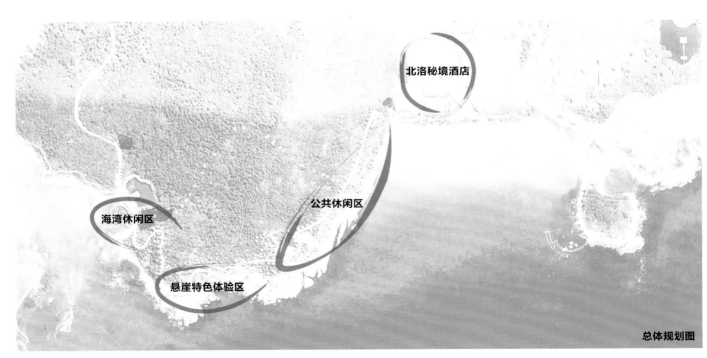

北洛秘境酒店

公共休闲区

海湾休闲区

悬崖特色体验区

总体规划图

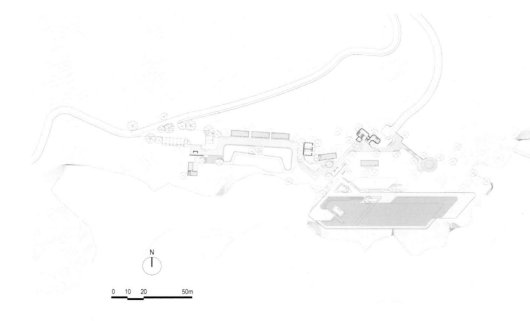

N

0 10 20   50m

总平面图

东升西落、潮汐朝晚涨退之景象,感受自然之神奇与壮观。

泳池铺砖选取淡雅的浅蓝色,在阳光和水面的折射作用下,投射出沁人心脾的梦幻蓝色光泽,且与海水的蔚蓝形成一定的颜色差,让海面颜色层次更为丰富,给游客带来难忘的视觉享受。泳池周边的绿化空间,种植着独特的

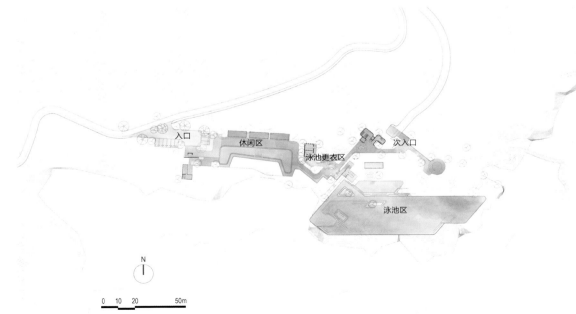

入口　　休闲区　　泳池更衣区　　次入口

泳池区

N

0　10　20　　　50m

功能区示意图

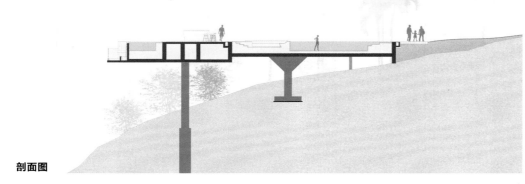

剖面图

棕榈科树种,如酒瓶椰子、红刺林投、狐尾椰子等,与周边山体和悬崖的原生植物群落和谐相融的同时,散发出浓烈的亚热带度假风情。

亮点二:低调轻奢的避世桃源

北洛秘境悬崖泳池背山面海,凌空于悬崖之上,拥有270度观海视野,隐藏式边界处理,让池水仿佛与南海的万顷波涛相连。游客一边畅泳,感受美好纯净的海风轻拂,一边观赏日出日落、大海星辰,感受阳光、星光照耀,忘却所有烦恼和压力,度过一段毕生难忘的美好时光。

泳池北倚山峦,南面临海,收揽广阔风景

北洛秘境悬崖泳池所带来的视觉享受,与游客密切相关的体验,进一步点亮了周边未经雕琢的山海世界,笔直的线条、圣洁的白色与灵动的池水提供了自由私密且舒适的度假环境。在这里,人们可以尽享奢华的无边海景公寓酒店住宿,品尝当地精致的海鲜菜肴,获得栖于悬崖之上的独特体验。

建造记录:筑境·山海间

从项目筹划、设计定案,再到竣工落成,设计团队面对并解决了一个又一个艰巨的挑战。首先是对现场条件的熟知与评判,需要设计师反复地考察和勘探地形地质,并进行精密的结构力学计算,以确保设计具备安全性、可实施性。其次,为克服山地悬崖条件限制,如为保护周边环境,建造不启用大型机械设备辅助作业,大部分建造工作都需要人力运送和人工安装完成,克服了建造材料二次转运、沿海栈道修建、山路陡坡修建等困难。

建造过程

设计团队通过多次的现场勘探,对现场地形和植物的理解,确定了需要保留的区域和整改的范围,在设计过程中,不但保留了大量的现有乔木和灌木,而且通过优化场地植物组团、点缀景观构筑物,增加了自然有趣且各有特色的空间,确保由始至终视觉体验的统一。

项目面积：
15000平方米
业主单位：
实力融创文旅集团
建成时间：
2019年

业主景观管理团队：
徐承刚、李智
设计团队：
张可心、王斯琪、彭微、张娜
施工图团队：
冯涛、秦历、陈诚
植物设计团队：
李靖

建筑设计：
深圳HMD
摄影：
栾祺、连佳
项目品宣：
几十几品牌管理

云南 · 大理

大理的小院子南区

MANG漫格景观／景观设计

大理之大，能让来自中国一线城市和世界各地的人，年龄和自我都变小。大理是阳光的、美的、慢的、自由的、丰富的，宜居、宜游、宜闲。苍山洱海间，古朴人心中，能见自己、见天地与众生；它的闲适与和谐，在中国独一无二。

大理的小院子择址大理核心文化与自然资源丰富的海西稀缺地段，南区作为小院子系列的成熟大区，是小院子最早的产品。

休闲聚友、山海旅居、人文耕读的生活方式在这里流转，碧波与清风、日月与山海都在讲述"人闲车马慢"的文艺慢生活。

山水——伴苍山而立

大理的小院子，美于它的依山傍水，远离了世间喧嚣杂闹，似个凡尘梦下的隐士。

在洱海边看水天一色，在苍山下望云卷云舒，再路过茶马古道，摩挲着白族老街上覆满青苔的砖瓦。

四季春常在，花开满院落。大理，四季如春、诗情画意，是无数被生活压得喘不过气的人们选择奔赴的理想之地。

人的一生不就是随心而居吗？感受世间山水自然的惬意与舒畅，大理也因而有了这座"隐世桃园"。

苍山

G214

洱海

区位图

依托得天独厚的地理优势,丰富饱满的人文资源,自然山水与秀丽景致,造就了小院子的天时地利与人和。

景观在建筑的营造基础上,结合大理街、巷、坊、院、场等构成元素的组成方式,力求规划、建筑、景观有机融合与互动,营建依托自然与人文的度假文旅生活方式。

院落——环洱海而居

踏上青石板,穿过竹林花海悠长小径,落在屋檐下的是又一处静宁。

蓝天白云下映照着真正的"离尘不远城",简单自由的生活可以在这里随心所欲。

建筑上采用坐西向东的轴线布置,尽量减少对地貌特征的破坏,依山而建。

用错落有致的建筑群体形成层叠上升的布局特色,与绵绵起伏的苍山相映,化白墙、青瓦为笔墨,绘就一副妙绝的山水泼墨。

层峦——隐于山林

景观上利用天然的高差优势,采用毛石、青砖、板岩等丰富的立面材料。刻画与周边建筑的协调性,突出整体空间的延展性。

景观的整体营造中,用曲线打破道路与建筑直线上的无趣和直白,让景观与自然环境融为一体,让苍山洱海的"风花雪月"能在当代设计语言的推动下变得更加日常。

民族——时代的印记

板瓦为沟,筒瓦为顶,房屋之间或垂直交叉,或彼此相连,大理白族典型的世代融合院落社区再现。

行道树外是古韵,街巷道里是自然,小院里是生活。在时代洪流中被留下的民族印记,被今时的房屋、建筑结构、景观营造再次呈现,颇有古朴雅致、纯净禅意的味道。

晨曦的阳光洒在静谧安逸的小院子,人们得以朝气蓬勃地迎接崭新的每一天。傍晚时分,星点灯火,穿过樱花大道,行走于蓝樱飘落的道路上,悠闲踱步,享受片刻安宁。

古时"苍山不墨千秋画,洱海无弦万古琴"的古城格局犹在,今天的小院子,也演绎了当代设计语境下的文旅新生。

项目面积：
37300平方米

业主单位：
九铭地产

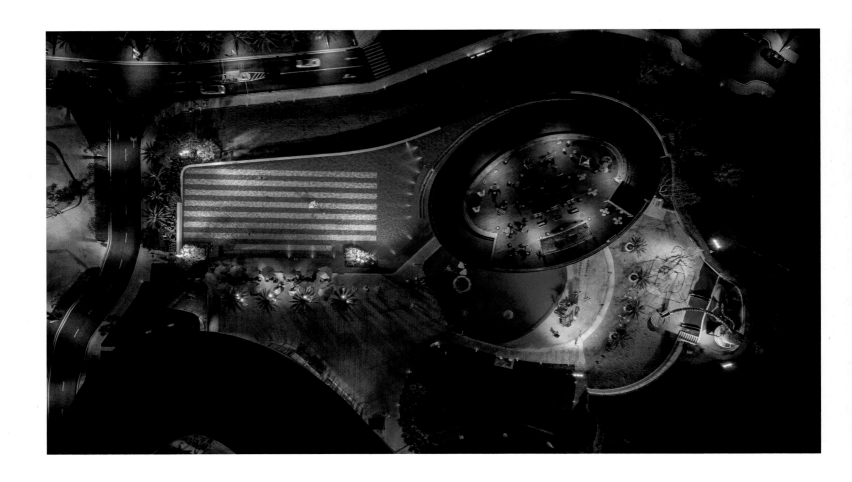

广东·惠州

九铭屿海

深圳市万漪环境艺术设计
有限公司 / 景观设计

在钢铁森林里披星戴月的我们，总想回归到真实的山海之中，山与大海总能将身上的疲惫慢慢消散……让我们只想在这山海之中，享受时间。

九铭屿海地处广东惠州市，紧邻元屿海，定位为惠东高级滨海旅居项目，致力于打造为惠东滨海之冠。以展示与接待为重心的营销中心及会所，一对外开放，即以惬意浪漫之姿成为惠州市的网红打卡圣地，在当地迅速成为"热门景点"。

本项目着重突出原生态海景，富有表现力的建筑线条遥遥呼应着长长的海岸线，景观设计结合建筑形式与风格进行设计与创新。景观设计在结合建筑结构的同时，也将一线海景融入到了景观展示。

设计师通过对建筑内部与外部的深入研究，连接有形与无形，穿梭有限与无限，让整个室外的空间有了新的张力。不仅身处室内的人们可以与外部风景"无缝衔接"，身在其外也能观赏到室内景象。让空间的魅力最大程度释放出来，人们抽象的感知也被生动化、情景化、艺术化，实现了人、空间、自然三者交融共生。

开放式的入口通过喷泉水池和棕榈树的搭配与市政街道相连，形成舒朗、开放的景观入口。带着疲惫的我们，从入口开始，生活漫漫，步子缓缓。

罕见的飞碟造型在此尤显梦幻，日落时分围合而坐，或笑谈当下，或小酌浅饮，定不辜负"东方夏威夷"的旅居盛名。

迎着凉爽的海风，走在洁白细软的沙滩上，拾贝逐浪，静听涛声，远眺影影绰绰的点点白帆，漂泊的心渐渐放缓下来，如同远行的扁舟终回归舒适港湾。

俯仰之间，移步换景，体察不同的美妙意境。展示区建筑与景观相互融合、相互呼应，虚实相映，安然沉稳。洽谈区以180度全景展开一望无际的海阔天空，自由通透，疏密有致，使环境与室内空间和谐地融为一体。

陆上的人喜欢寻根问底，虚度了大好光阴：冬天忧虑夏天的姗姗来迟，夏天忧虑冬天的将至。所以他们不停四处游走，追求一个遥不可及的四季如夏的地方。

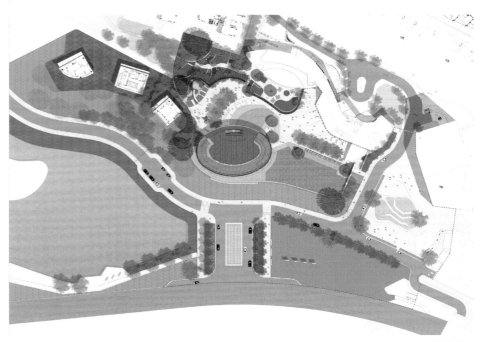

总平面图

项目面积：
7100平方米
总占地面积：
10792平方米
业主单位：
浙江绿城元和房地产开发有限公司

建成时间：
2020年
设计团队：
陈跃中、王妍、巩芳芳、李茵茵、贺天、孙雯然
建筑设计：
BA蓝城设计
室内设计：
W.DESIGN 无间设计

工程单位：
嘉兴清和园林工程有限公司
建筑摄影：
SHIROMIO
景观摄影：
一界摄影、易兰规划设计院、
浙江绿城元和房地产开发有限公司

浙江·安吉

绿城·安吉桃花源·未来山Ⅱ

易兰规划设计院／景观设计

　　项目坐落于山清水秀的浙江省安吉县桃花源项目东南部山地区域，总占地面积10792平方米。作为未来山Ⅱ的展示区，由一条沿山脊蜿蜒而上的现状小路与市政路连接，一侧为植被茂密的山谷，另一侧为陡峭的山坡，整体地势起伏明显。

　　易兰设计团队承担了全程景观设计，在现场进行多天的探勘后，认为隐逸感的山水气质才是未来山Ⅱ独有的场地魅力，场地内的山水、原生的竹林、起伏的地势、破土而出的石头才是这里的主人。于是涌现

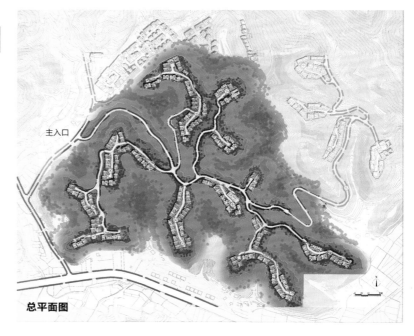

主入口

总平面图

了强烈的设计想法:最少的场地干扰,最大程度地保留现状,才是对这片土地最好的设计;借自然之景,得山水意趣,才是这个项目应有的景观主题定位。

如何"借自然之景,得山水意趣"?设计团队从空间布局、氛围营造、材料应用三个方面着手,将其提炼为三点设计语言,即"随遇而安、空灵清净、自性质朴"。并最大程度地尊重原始的地势地貌,经过多番模型推演与探讨,最终形成方案总图。项目整体序列从"引、穿、隐、融、观、享"六个空间节奏展开,给居住在这里的人们层层叠进的惊喜感,感受世外桃源般的山水栖居。

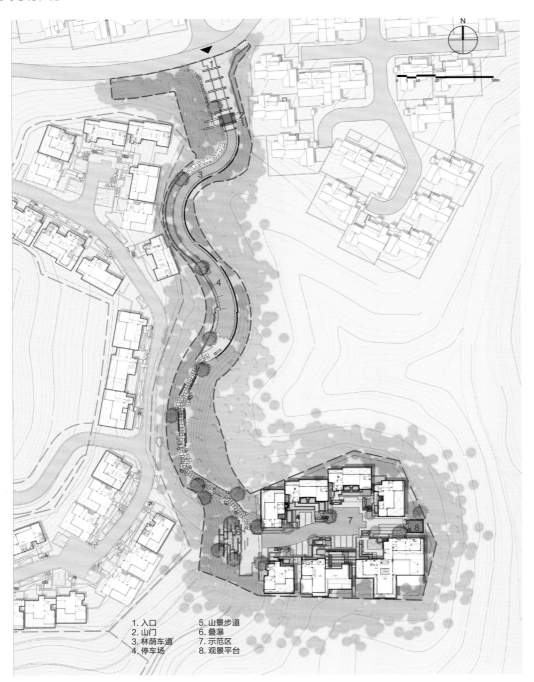

1. 入口
2. 山门
3. 林荫车道
4. 停车场
5. 山景步道
6. 叠瀑
7. 示范区
8. 观景平台

展示区平面图

该项目是易兰设计师们对新自然主义景观的一些探索，旨在创造一种开悟内省、尊重自然、回归本真的空间氛围体验，将人工构筑完美地隐藏在自然山水之中。这个作品也寄托了设计师的美好愿景，希望每个居住在这里的人们都能在纯粹空灵的山居生活中体味生命的本真。

业主单位:
宝鸡市金台区政府/西府天地管委会
建成时间:
2021年
主创设计师:
孟繁良

主创团队:
张金来、徐功华、姜帅、江亦欣
顾问:
宝鸡市民用建筑勘察设计院施润东
经营管理公司:
宝鸡鼎顺文化旅游产业有限公司

规划与设计:
成都塞纳园境设计咨询有限公司
代建单位:
陕西睿航建设工程有限公司
摄影:
HOLI河狸景观摄影 何震环

陕西·宝鸡

西府里

成都塞纳园境设计咨询有限公司/景观设计

宝鸡市金台区的西府里和已设计的很多文化艺术村项目不同,它的生命力和有可能的持续生存状态引起了主创浓厚的兴趣。历时四年,经历了"新冠"高峰期,在区政府、街道办、村委会、原住村民、经营方、艺术家、民俗收藏家、餐饮经营者等的共同推动下,在原有的"新农村"(这个词是中国特有的名词,是一个时代的现象缩影)基础上,逐步呈现了一个完全崭新的面貌。

无意中迎合了十九大提出的"乡村振兴"这一概念。它是一个典型的"乡村振兴"之路的第一条

路——城乡融合之路的案例。虽然最终案名的确立有着非常重的商业意图——西府里,又或是经营方有着最基本的初衷——为了隔壁的商业街做些商业业态的补充,但其最终呈现出来的状态,却不可否认地成为了城乡融合发展的典型案例。

既盘活了闲置村宅,扩展了城镇边界,又为第三产业融入乡村提供了一处优质空间。既为仍然坚持留下来的原住村民提供了新的生存样板,又为新入驻的艺术家、收藏家、餐饮经营者提供了一处雅致田园居所。这种最终呈现出来的状态在过程中

着实有些运气成分使然,是各方角色互相妥协后出现的一种结果,但目前来看却恰恰达到了一种新型社区平衡状态。闲置村宅的原住民拿到了租金,多了一项收入,留下的原住民(该村落共38户居民,19户未搬迁)居住环境得到了很大的改善,并可以打开自家围墙做生意,新进的商业经营者可以统筹科学地管理整个社区,无处安置的艺术家、民俗收藏家在这儿用低廉的价格租到了满意的房子,政府为人民办了好事,出了政绩,当地的市民多了一个闲暇时的去处,游客多了一个目的地,城市多了一个新地标,各方多赢的局面欣欣向荣。

在解释这个项目的设计前，先看下背景。宝鸡市有着悠久的历史，古称"陈仓"，南邻秦岭，北侧为台塬地，沿渭河呈东西方向狭长布局。随着这些年的城市快速发展，城市的东西方向的扩张遇到了瓶颈，南侧又是秦岭自然保护区，于是迫使城市的发展边界不得不向北侧台塬地带扩展（塬——黄土高原特有的地理地貌特征）。

台塬的边侧地带一般是坡度较大的黄土坡，本来在这里有很多村宅，但由于特殊的地质原因，常年水土流失严重，边侧不断垮塌，地质灾害严重，原始村落不断消亡。在1995年左右为了使广大农村居民得到住房改善，当时国家出台了"新农村建设"的惠民政策，这一政策的出台促使原居住条件恶劣的村民逐渐搬迁至塬上居住，也就是现在的项目所在地"胜利塬"。当年为了尽快地落实党中央的英明惠民政策，塬上的新村建设在那个缺少技术资源支撑的年代，利用现成的建筑规划图纸快速地落实了一

批住宅。那个时候全国几乎一张图，千篇一律，于是成为了现在这个"西府里"项目基础格局。规划呈"兵营"式布局，街道尺度预留倒是很大，但人车混流，空间感受很不舒服。

建筑外观基本上抄搬了"新徽派"的粉墙黛瓦风格，还好的一点就是当年的建筑设计师在抄搬的基础上留了一点"土味"——面向庭院内部的单坡屋顶（黄土高原自古缺水，面向庭院的单坡屋顶是为了收集雨水）。这类结合了中国南北风格的新村落在塬上大兴土木，但却未留下任何存档文件。

由于当年建筑设计技术资源的匮乏，所有房屋的基础埋深都未达到现今的规范要求，很浅；排水、电力设施等管网系统也都考虑的不周全，电力荷载仅够家庭照明，后期虽加设了天然气管道，但其耗损方量也仅够家庭烧菜做饭，这为后期的改造，计留下了很大的障碍。在投资预算的探讨前期，资金非常有限，单是管网系统的改造这一项经费预算，已经达到了预投金额的1/3，经费有限，意味着原有建筑几乎都不能动，原有建筑体都是砖混结构，一动就要做结构加强处理，费用高昂，最后只有选择在院墙、街道、代征绿地上做文章了。

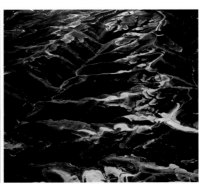

塬

梁

茆

川

顶部是黄土平台，
边缘是因水土流失形成的沟壑

塬上视野开阔，远可望塬上，近可观河川

残垣遍布，塬茆纵横，千沟万壑就是打这里来的

河川所到之处自然优渥，渭河催生关中平原，成就华
夏最早的天府之国

这个项目的最大的一个有利点在于项目确立的一开始，经营方、政府就已明确了建设目标：保持建筑基本格局不动，以文化驻留，建立能自力更生的、可持续的商业，以"在地"属性的综合社区为主导，打造一处宝鸡市新名片。这一明确的方向从始贯穿至终未曾变过，为整个项目的呈现开了一个好头。

设计的第一阶段，梳理空间，调整街道尺度，规划人车交通分流，重新划分院落，布局业态，定位标志点，确立风格走向。

这一阶段经过了漫长的一年多的时间，多方案的探讨，最终才落下定局。形式设计上既要照顾原建筑的混乱风格，还得有所创新，以使看起来焕然一新；既要满足可持续的商业空间需求，又要满足本地居民居住属性需求，"找平衡"成了难点。最后这一难题的解决落在了院墙的改造上，平直的背街（建筑的北侧，原建筑体系只有南院，无北院）做了"加法"，南院做了局部扩展，缩减了些街道尺度，以求达到适人空间，墙面局部打开来做了通透设计以满足商业需求。

临主街道的山墙面设计了地标构筑体（因地处村落东侧，后来被当地称为了"东廊亭"），既满足了商业区域的昭示性，又柔化了"兵营"布局。重新梳理了原有的村中间的一块绿地，增加了一处雨水花园（蓄水池）以养护周边的绿地，所有乔木均被保留了下来，拆了一处常年无人落座的混乱风格亭子，并加建了一处公厕，以弥补基本公共设施配套的不足……

第二阶段在细节设计的过程中，对构建技术的落实上，我们又碰到了极大的障碍，当地的修建水平促使我们要摒弃一二线城市的高技派修建方式，只

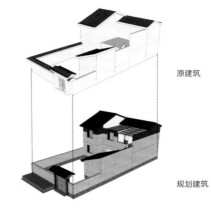

· 未能搬迁院子，仅作为建筑及院墙外立面改造
· 在材质及色彩上保持与街区其他建筑协调统一
· 院墙尺度不做改造

· 在展览院子中，一户为一个商家使用
· 在原有院墙的基础上向南拓宽
· 以业态为基础考量加建建筑及院墙

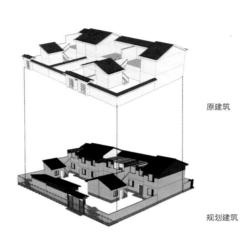

· 在民宿院子中，将三户合为一处供商家使用
· 在原有院墙的基础上向南拓宽，背面增加院墙
· 以业态为基础考量加建建筑及院墙

· 在餐饮院子中，将两户合为一处，供商家使用
· 在原有院墙的基础上向南、东拓宽，东侧增加口岸及外摆空间
· 以业态为基础考量加建建筑及院墙

建筑改造示意图

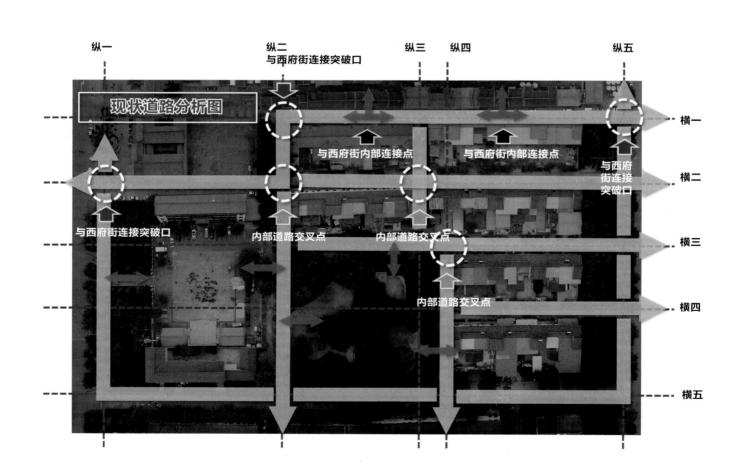

纵一　纵二　纵三　纵四　纵五
与西府街连接突破口

现状道路分析图

与西府街内部连接点　与西府街内部连接点　横一

与西府街连接突破口　横二

与西府街连接突破口　内部道路交叉点　内部道路交叉点　横三

内部道路交叉点　横四

横五

能采用低技策略设计细部。由于资金受限，只能考虑使用当地的工人修建，材料设计上不能使用深加工工艺的材质，设计可以复杂，但不能有太多的创新，那么空间格局及标志物的形体的设计就变成了重点。

第三阶段—修建，这阶段我要特别感谢当地的民用建筑设计院的施院长，没有他丰富经验的督导，该设计的落地就会成为空谈。因为前期基础资料的不健全，导致很多细部和场地的契合度出现了比较大的偏差，很多地方要在现场守着工人实施。那个超大尺度的地标构筑体"东廊亭"，我本想以三维放样–工厂加工–现场安装的方式修建，但仍是受到投入资金的限制，最后修建方被迫选择了全人工现场实施。

复杂的形态在几乎要难以修建的绝望中（为了迎接中国丰收节开幕，又是赶工），施院长带动施工队连续奋战了n个日夜，才顺利交工。

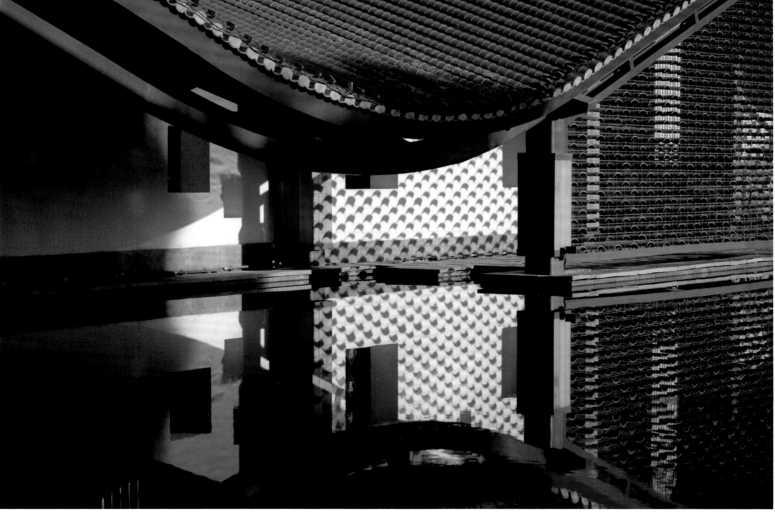

最后阶段—交付，这类项目最怕的就是断档：设计个空壳，施工队挣一笔钱走人，经营方接盘后两手无措，不知从何干起，结果就忙活了个寂寞，最终就会导致没落、衰败。经营方从一开始筹备、招商、甚至自主投资了子项目，从头至尾的全周期倾情投入，最终通过各方的亲密合作呈现了一张满意的答卷。虽然在设计角度看并不能算是完美，但如此的各方合作的"亲密开发模式"为未来"乡村振兴"中提供了一个优良样板。在交付后此处成为了宝鸡市，甚至陕西省的一张名片，成为了目前"乡村振兴"的首批样板项目。

再来聊一下，所谓的"有可能的持续生存状态"，前文提到本项目是由于各种原因致使各方妥协出来的结果，项目的呈现过程是痛苦的，甚至于我个人而言都曾冒出"不干了"的想法。但机缘所致，竟凑巧地出现了多赢的局面。全国各地的所谓文旅项目要么是驱赶原住民，空出房屋来做所谓改造；要么干脆由政府提供一块"干净"的土地，由投资商任意绘制蓝图。但不管两种方式的哪种，都缺失了最应该落地的"烟火气"，没有烟火气，蓝图画得再漂亮都是不可持续的。十九大提出的乡村振兴关键点强调最多的就是关于一二三产业的建立或融合发展问题，本项目规模不大，原始聚落只有居住属性，谈不上产业融合问题，一产二产建立没有条件，唯一的策略只能是转变成为三产纯服务业，但建立可持续的服务最基本的显性的特征就是是否能够呈现出一种"有人在、有人来"的空间。"有人在"这个问题是建立烟火气的基底，"有人来"是建立烟火气的基本条件。在的人给来的人提供服务，结合合理的空间就会出现一种全新的社会场景。

就本项目而言，就是建立这种烟火气的过程，完成了"烟火气"建立的基础。如果原来就在的人全部清空，完全靠新来的人投资建立"在的人"场景是无法持续的——不挣钱，这些新来的人就走了。新来的投资人会带来新的"服务方式"，无形中给原来就在的人建立了"营生"的榜样，紧接着可以预判到，慢慢的就会有脑子活跃的"原本就在的人"开始效仿新来的人，开始"做服务"，无形中建立了多种服务场景和模式，而且因为他们原本就在，生意成本低，短暂的亏损也能熬过去，生意持续的时间越长就会形成经济学的"积累效应"，只要不出现大的意外变故，可以推想这种无意中建立起来的乡村改造模板会逐渐影响到周边的几个村落，规模会越来越大，当建立起一定的规模后，"烟火气"就会越来越重，抵御风险的能力就会越来越强。

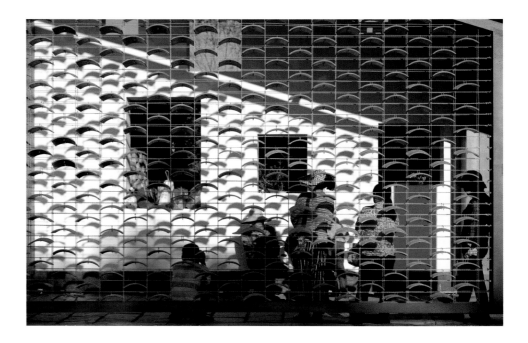

功能区分布图

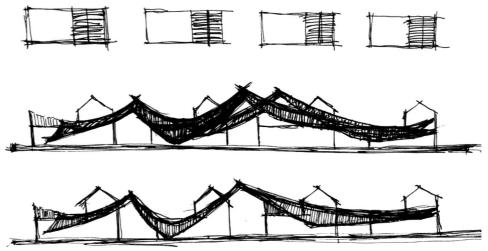

构思草图

业主单位：
融创中国四川地产景观组
建成时间：
2020年

施工单位：
四川省高标建设工程有限公司第一分公司

摄影：
目外摄影

四川·都江堰

成都融创青城溪村

种地设计/景观设计

项目坐落于青城山脉入口，拥有得天独厚的山水格局和道教文化。因地制宜，这里将来会被打造成一个"居则安，游则野"的5A景区。

我们怀着对自然环境的感动，以及对当地文化的尊敬，提供了一个通往内心的真实世界。试图传达低调隐奢、返璞归真的生活观，为现代人的精神层面提供些许养料。

屋+院

屋+树

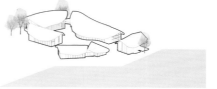

屋+田

屋+屋

概念图

屋+曲竹连廊

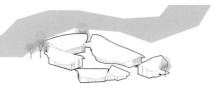

屋+水

1. 洞天门户
2. 秘径探幽
3. 花海
4. 田园泊车
5. 洞天林盘
6. 曲竹林盘
7. 涵碧泳池
8. 恰航
9. 玉带桥
10. 晓梦
11. 迷蝶舞台
12. 涉趣
13. 水木名瑟
14. 秋水湖
15. 飞虹
16. 码头
17. 踏月
18. 晓岸春晓

总平面图

林盘解析

　　方宅十余亩，草屋八九间。榆柳荫后檐，桃李罗堂前。

　　　　　　　　　　　　　── [晋]陶渊明

　　一种成都平原特有的，集生产、生活和景观于一体的复合型村落居住方式——川西林盘：以林、水、宅、田为要素，宅院隐于高大的楠、柏等乔木与低矮的竹林之中，周边水渠环绕，构成沃野环抱、密林簇拥、小桥流水的田园画卷。

林盘勾织

　　五大主题、廿一景。"可行、可望、可游、可居"，起居与闲游兼得，人生在画卷中，闲看山水田园，云展云舒，花开花落。

洞天福地

　　"天无谓之空，山无谓之洞，人无谓之房也。"

曲竹林盘

　　"无极生太极，太极生两仪，两仪生四象。"

涵碧映天

　　"一水方涵碧，千林已变红。"

业主单位：
合景泰富集团、方圆地产、恒悦投资
施工图设计：
上海仓永

施工单位：
广州华苑园林股份有限公司
（罗华山、杨军林、阮顺祥、徐开园、
刘川、沈龙、唐飞）
管理团队：
集团（尹礼仁）、区域（杨涛、陈玲）

摄影：
鲁冰
文案撰写：
景观周

四川·成都

成都大邑云上木莲庄酒店

Bensley／景观设计

　　拥山环水绕，安逸而空灵，合景云上国际旅游度假区坐落于成都大邑县，万亩的山林中拥有丰富的自然资源以及悠久的人文历史，设计巧借自然佳景与苏派建筑精华雕琢入院，造一座融酒店、旅游、养生、健康、教育等系列生活方式的复合小镇，为当代人带来一座向往且衷于长久居住的世外桃源。

　　大邑云上木莲庄酒店便坐落于这座天然的动态山水墨画中，背靠青山，面朝湖水，拥揽万亩原山与汤林，不乏白鹭栖息，仙雾萦绕，竹海幽幽，谓有诗情画意。酒店园林景观由世界顶级设计事务所

Bensley操刀设计，合景泰富景观管理团队及仓永景观结合东方禅意精髓进行项目营造，以彰显项目地域文化特征，打造富有东方神韵的人间天堂，为暂离尘世的旅人们搭建一座与自然相亲的禅意园林。

叩访木莲庄

　　晨光微熹，山间云雾在慢慢洇润开来。万物苏醒，林木舒展，大地以起伏褶皱的曼妙身姿，为宾客指往山湖边的木莲庄。坦道如千百条流水顺沿大地的肌理徐徐而下，循笼灯翠坪而上，一访秘境。

　　"一见或一念，一切感受都在彼时彼刻。"一尊鼎、一棵树、一面月洞照壁，构筑了简约清婉的主入口意象。地面引铺装作弧形向外发散，对照山川美景，层叠蓄藏内庭风光。古时亦诗人亦画家的王维隐居辋川，日日流连自然的美景佳音。今由此入，但寻一段诗中风采。

　　跨越院门，开启一场有关山与海的畅游。合景泰富景观管理团队为了更好地融合建筑风格，将景观方案调整为日式禅意庭院。设计将自然与山水的

灵性，以枯山水的艺术形式浓缩于庭院内。白砂、岩石、青苔、树木……便是修行者眼中的山、海、岛、流。以一沙一世界，创建一座空灵的"精神园林"。

"横看成岭侧成峰，远近高低各不同。"镂空景墙为宾客框出一幅留白的山水画卷，由此启而转入，漫游，停留，迂回，大树缀云，绿岛浮延，而后察觉，庭中无一处角度可望遍15处置石，于匠心营造后，递现一份意料之外的惊喜。

建筑以天然材料构筑，与景观和谐融合，创造出淡雅禅意且动人的自然美感。细木条阑珊营建的隔断长廊，将竟日流转的光影捕捉入白墙画布，虚实相应间，更为彰显东方禅意之境。呼吸着新鲜的氧气与涌涌绿意，令人不自觉地将情感寄托于这方园林，朝见烟霞，暮送余晖。

庭院空间讲究疏密有致、细节考究，面向山湖，将门窗影影绰绰地舒展开，框出一幅幅动人美丽的风光画卷，错落有致地将天地的四时美景收纳眼中。当宾客信步庭院之中，或得静修自省，或得探观感悟，遍尝静谧和睦。

兼蓄：物与我

造园，是亭台楼阁与叠山理水的浑然天成，是人与自然产生精神与意趣的美好共鸣。核心庭院将宾客的身心需求考量在内，创造出兼具行望游居与休憩修养的空间。在高低行走坐卧中形成与自然的沟通，体会峰峦瀑布小桥流水带来的深远意境，进一步在日常的共处中滋养并维持着环境的平衡。

《园冶》有言："未山先麓，自然地势之嶙嶒；构土成冈，不在石型之巧拙；宜台宜榭，邀月招云；成径成蹊，寻花问柳。"将太湖石化匠心妙造山峰瀑布溪畔，以自然碎拼铺装延续溪流之美，如此往来亭桥间，凭涧而立，于斯闲坐，但闻见自然声色。在有限的空间内造无限山水之境，令人逸探静中有动，巧夺天工的栖隐花园，做到"从自然中来，到自然里去"。

"行到水穷处，坐看云起时。"踏桥而上，迎来一段身向山川的沉浸探索。宽阔的泳池复刻迂回婉转的自然岸线，池身铺贴的静蓝马赛克恍有一瞬间穿越至东南亚海岛。为赋予场地丰富多变且自在怡然的舒适感，池畔大面积木平台以不同宽度、面层及尺寸的菠萝格板精心拼就，并融入现代形式多样的休憩空间，还原宾客们心中向往的度假天堂。

园中所营建的构筑物多取源于竹木等自然材料，还原质朴本真而平和的庭院意境。

植物之苍劲圆润，形态各异，更为园林增添一股流动的生命力。酒店中还打造了几处静谧之处的温泉，走出庭院，不远可达，令人静谧感受冥想静修的禅意。如此悠然园林，全然闲适不似人间。

景观营造

为了实现云上木莲庄酒店的高品质落地效果，项目管理团队在景观营造过程中严格把控及亲力亲为，并指导性地结合项目总体风格对中庭方案进行调整，营造过程中以高品格材料选择及高标准的施工工艺要求，与在置石、竹艺、古建、雕塑等各专业领域方面的大师级营造团队进行高层次的配合与打磨，最终呈现最佳园林空间，并在不经意间营造了许多细节：无法在一个角度数完的石头、泳池中静静开放的木莲花、一层落客区隐藏的地雕、源自日本大师的铺地……这一切都在等待着宾客的到访与探索。

在此，要感谢参与项目的每一个团队齐心协力，使项目完美呈现。Bensley为项目提供了惊艳的创意；仓永在深化过程中提供了大量有益的专业意见并且在配合过程中投入了极大的热情；华苑园林在施工过程中，不厌其烦地配合打板并且坚守标准，确保了项目的高品质；专业分包英磊园艺、南京山晓、继军竹制品、临海古建在项目置石、雕塑、竹艺及古建等部分完成了杰出的工作。合景泰富园林管理团队尹礼仁、王锐、杨涛、陈玲总控全局，为项目注入了东方禅意的精髓，并在设计及施工的各个环节投入了大量的时间、精力和热情进行协调管控，使项目最终以极高的品质完美呈现。

地产景观————————————————————————————————————

重庆融创 · 桃花源

港龙美的 · 未来映

君邻大院竹苑

阳光城 · 天澜道 11 号

中海左岸澜庭

融创 · 云麓长林

天煜 · 九峯

富力院士廷 · 泡泡宇宙儿童乐园

融创江山宸院

阳光城 · 当代檀悦 MOMΛ

| 项目面积：
7500平方米
业主单位：
重庆万达城投资有限公司
建成时间：
2020年 | 建筑设计：
重庆上书房建筑设计顾问有限公司
施工单位：
重庆同棋园林有限公司 | 施工设计团队：
周鹏伟、庄春光
摄影：
融创西南 |

重庆·融创桃花源

中国·重庆

重庆融创·桃花源

苏州园林设计院有限公司／景观设计

项目概况

项目位于重庆市沙坪坝土主镇，景观施工面积7500平方米。展示从平面上被分为三部分。第一段筑云水间，鸟鸣幽涧，且听溪流在碧螺。在水天相接的地方，忽现有光亮的道口，人们可以自由愉悦地游逛在世外桃源般的仙境，听潺潺溪流声，享清脆鸟鸣叫。第二段隐于府院，觅内心宁静一隅，入此境，安无心。延幽径路道物移景变，感受院府的雅韵、归隐之趣，品鉴文人雅士的生活方式。第三段开席宴友，赏心乐事。

项目主要亮点、工艺

铺装工艺

南入口地面回纹铺装由山西黑烧面、森林绿光面和芝麻黑烧面三种材料组成。首先，施工前期通过优化设计图纸和排版，采用完全对缝的工艺。其次，铺贴时采用竹编工艺，一个压一个，收尾穿插相连，完全闭合。最后，施工完毕，不同于之前的工艺，现场勾缝比完成面低3毫米左右，使其看起来更加精致，竹林巷道的地面铺装设计形式为208毫米×30毫米×30毫米

席纹。对缝、对尖、缝宽、平整度等的控制尤为重要。为了将工艺做得更好，采取牵线控制缝、尖、标高，同时，利用卡子控制缝宽。

特色水景

位于南入口区域的落客亭水体，水体高度随着道路高度而变化，施工较为复杂。水沟与立面均为斜态，施工时需严格控制标高，每隔1米标记。材料采用黑金沙光面与自然面，铺贴时控制高度，方便立面石材铺贴，施工时先贴压顶及水

沟立面。其中，压顶为弧形，尺寸由厂家实际放样加工，采用1:1的比例制成800毫米×250毫米×80毫米异形石材。立面材料分弧形与直段，为方便现场施工和石材对缝，分别将其制为400毫米×80毫米×50毫米和800毫米×80毫米×50毫米的规格。同时，为保证后期效果完美，应对压顶进行打磨，使其高度完全一致。

植物

六角亭位于桃花源核心庭院，在桃花源中扮演着举足轻重的角色。其乔木——特选乌桕，是通过三渡浙江，二过安徽才敲定下来。栽植时经历了"魔鬼6小时"，在不断调整点位和方向之后，终于将这株乌桕最美的一面呈现出来，与灌木精心搭配后，呈现出与古建筑俱为一体的景象。

西侧院墙位于桃花源核心庭院西侧，由于道路问题，无法使用机械栽植。我们通过塔吊吊上后再由人工转进栽植，克服重重困难，这株乌桕与西侧白墙终于融为一体，相得益彰。

竹林巷道，为追求道路通幽的感觉，竹子的放线、栽植以及绑扎，通过不断地校正得以做到更好。栽植时竹子采用对窝形式栽植，竹子与竹子之间的间距为600毫米，真正做到了不闷不透，白墙若隐若现的感觉。绑扎时，使用广线拉通，有效保证了绑扎标高的统一，使其更为标准和整齐。

庚子年中，蜀汉人夙兴夜寐，奋力行，忘路之远近。匠造桃花源，于西永街处，中无杂树，芳草鲜美，落英缤纷，凡游历者甚悦之，复前行，欲穷桃花源。

临近桃源，便得一门，中有小口，仿佛若有光。便邀友，从口入，复行数十步，豁然开朗。园景平旷，亭榭林立，有楼阁美池苍竹之属。佳木茏葱，山石奇特。其中白壁无瑕，小径蜿蜒，红叶翩跹。鱼戏于池间，并怡然自乐。

见清流，倾泻于石隙之下，俯而仰之，花木尽赏。便恒行之，渐向桃源深处。恰逢山城转寒，丹枫迎秋。新雨过后暮色向晚，旖旎风光皆隐于院中，不复出焉。

然至入夜时，弯月倚于长空，形似佳人。拂袖弄纱花旋起舞，皆叹焉。于曲径处探幽观花，聊赏风月。花窗弄景，避外隐内，小中见大。

既出，未回神，还欲观之，心之向往。于园外，踱数步，盼再游。已而夜色浓意阑珊，遂往回归，入迷，不复得路。而后，游者闻之，欣然规往。如是，寻于此，后问津者络绎不绝……

业主单位：
港龙中国地产集团
建成时间：
2021年

设计团队：
何美霖、李勇军、韦恋恋、蒋壁嵌、王芳、
陈汉、万欣、陈颖、王剑锋、王红人、张雨田、
陈秀莲、罗蓉、欧阳浩然、张瑜玲、张小荣

摄影：
禾锦空间摄影

四川·成都

港龙美的·未来映

澳博景观设计 / 景观设计

设 计 背 景

　　本案位于成都·双流。成都，有千年沉淀的
巴蜀文化；双流，成都走向国际视野的启点，传
统与现代在这里碰撞，如何延续巴蜀文脉，创
新未来文明？

　　项目场地高差较大，外有市政绿化遮挡，展
示景观的视觉界面有限，如何在有限的空间尺度
内，为居者创作一个饱含场地精神的理想家园？

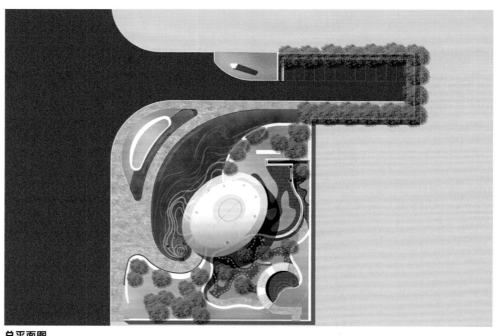

总平面图

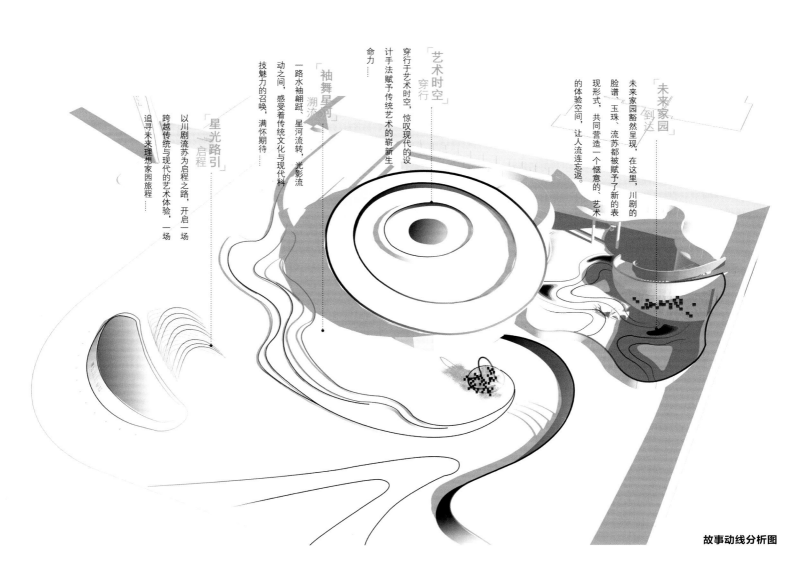

「未来家园」
到达

未来家园豁然呈现，在这里，川剧的脸谱、玉珠、流苏都被赋予了新的表现形式，共同营造一个惬意的、艺术的体验空间，让人流连忘返。

「艺术时空」
穿行

穿行于艺术时空，惊叹现代的设计手法赋予传统艺术的崭新生命力……

「袖舞星河」
溯流

一路水袖翩跹，星河流转、光影流动之间，感受着传统文化与现代科技魅力的召唤，满怀期待……

「星光路引」
启程

以川剧流苏为启程之路，开启一场跨越传统与现代的艺术体验，一场追寻未来理想家园旅程……

故事动线分析图

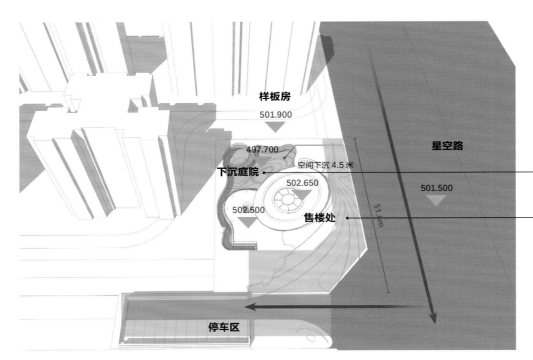

样板房
501.900

497.700
空间下沉 4.5 米

下沉庭院
502.650

星空路
501.500

502.500
售楼处

51.6m

0.00 ▽ 场地内标高
0.00 ▽ 场地外标高

→ 下沉庭院与售楼部一层存在 4.8 米高差，如何减少局促空间里带来的
压迫感，营造丰富、舒适的景观体验？

→ 场地位于城市主干道，人车流量大，但有市政绿化遮挡，且展示界面
有限，内场景观无法在最佳视角呈现，如何打造震撼吸引的第一印象？
售楼部—下沉庭院—样板之间存在较大高差，游览路线较长，如何规
划舒适流畅的营销动线？

停车区

重难点分析图

设计理念

景观以连贯的设计语言将几个不同层次的
空间串联起来，打造时间与艺术流淌的动态空
间，消除生硬的边界感，让体验更加丰富，让建
筑、室内设计与景观建立密切的联系，激发空
间的多维体验。

设计手法

溯源场地文脉，基于建筑、景观、室内一体化设计的基点，设计师们打破边界，用艺术动线的起承转合、折叠空间，策划一场"川行未来·拾星逐梦"的浪漫旅途故事。

同时，利用场地高差的特色，重点着墨打造具有多重体验的下沉空间庭院，在有限的视觉空间里最大化呈现景观视觉张力，丰富视觉观感和体验感。

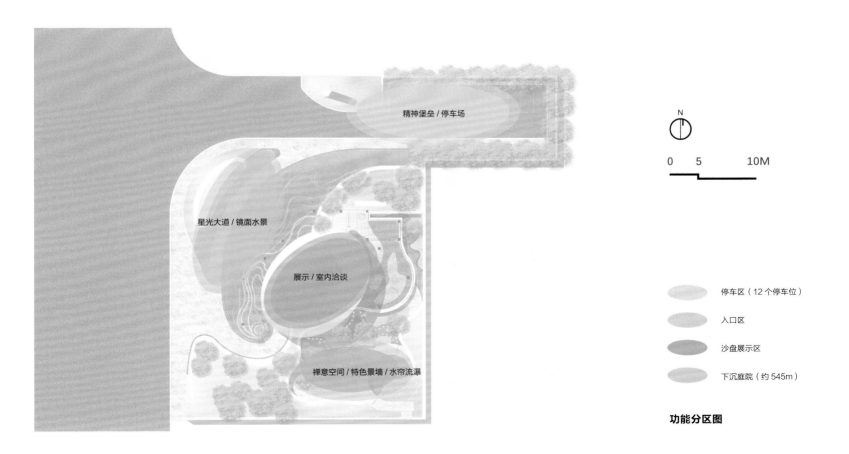

精神堡垒 / 停车场

星光大道 / 镜面水景

展示 / 室内洽谈

禅意空间 / 特色景墙 / 水帘流瀑

N

0   5   10M

停车区（12 个停车位）

入口区

沙盘展示区

下沉庭院（约 545m）

功能分区图

以传统川剧中的脸谱、水袖等设计元素，结合向现代科技中的光影表达，赋能未来空间色彩上更多的文化内蕴。

项目面积：
1860平方米
业主单位：
建业住宅集团(中国)有限公司
建成时间：
2020年

设计团队：
刘宋敏、陈静雯、Ronnarit Tammaboot
大门施工：
上海伟洋建筑装饰工程有限公司

宅间施工：
河南厚德景观园林工程有限公司
摄影：
琢墨建筑摄影

河南·郑州

君邻大院竹苑

广州山水比德设计股份有限公司 / 景观设计

项目概要

　　项目位于河南郑州北龙湖，周边竞品风格趋同，为实现差异化并满足住户期待，项目抽取竹的形态与意境营造变幻的光影空间体验，让人记得住时间，予人以社区的温度关怀。

设计理念

　　竹子，因其坚韧、柔软的特性，散发着一种大自然的亲和力。更因为竹子在中国人心中的精神性，在光影的促动下，为空间带来如春雨般润物无声的人文气息。

概念提取 / 概念设计

概念来源：[明]仇英《竹林七贤图》

"悠悠天地间，愉乐本无愧，诸贤各有心，流俗毋轻议。"竹林七贤聚众在竹林喝酒纵歌，肆意酣畅的场景是传统人文所追求的最高理想——精神与审美的居所

形态提取：建构与文化的连接
提取古画中竹子形态、颜色、光影等特征，以现代语言艺术化重现竹林之境

场景提取：建构人与人的连接
提取古画中文人们肆意酣畅的场景，打造生活剧场般的睦邻社区

意境提取：建构与自然的连接
提取古画中花木扶疏、树石宜居的意境，营造四时季相，蔚然成林的自然之境

项目以竹的形态、场景、意境三项整体塑造社区，以景观的视角组织起日常的自然、艺术和生活，从而重塑贤集睦邻精神，构建共享社群关系。

项目亮点

竹苑位于开放式的城市街道，为了重构空间的氛围，大门打破了普通入口的"单片"形象，以不一样的、非传统的"立体"架构，创造人可以参与的，可以体验阴、晴、风、雨等自然因素的"山水的容器"。

设计难点在于竹语言的写意表达与邻里生活方式的创新探究。为此提出三大项目设计亮点：

现代化转译竹林的整体设计语言，艺术流动的廊架造型与创新的廊下生活方式。

硬软景设计

进入竹苑，空间的过渡，人们从社会角色转换为家庭角色。从城市纷繁喧嚣的"大"转向社区温馨惬意的"小"，空间重新"梳理"人的情绪。

在空间的行进中，"密度"将影响感官体验，我们希望它不是密集的，或是开阔的。

主入口通道巧取竹林簇聚生长的自然形态，创造空间"透视"的层次。

当阳光倾洒，便出现如同竹林里行走的场景感，形成人、空间、自然的连接。

大门之后是流动的艺术廊架。

连廊整体采用了竹片设计，宛若自然的形态，带来轻盈惬意的观感。

斜阳西下，微醺的空间氛围，让居者感受时间的温暖。蜿蜒的连廊，潺潺的水声，一切都是柔和的存在，令人带着轻松的身心归家。

项目面积：
21030平方米
业主单位：
阳光城集团

施工单位：
重庆绿雅园林景观工程有限公司
景观软装深化及落地：
BOX DESIGN 盒子设计

摄影：
HOLI河狸景观摄影、日野摄影、
鼎行模特经纪公司

中国，重庆

阳光城·天澜道11号

BOX DESIGN 盒子设计与朗道国际设计 / 景观设计

背景

　　项目位于重庆市江北区，朝天门大桥西侧桥头，30米高的半山之上。南邻江北嘴CBD，东临长江，向北远眺塔山公园白塔及大佛寺大桥，俯仰之间皆为风范江景。建于2014年的草原式建筑与山体融为一体，隐藏在米黄色的建筑群和灰蒙蒙的雾色中。如今，新的身份和定位需要场所的全面焕新：宏观视角，它是城市的献礼，重庆江岸一个新的符号；微观视角，它极致优雅，是每个人生活场景的缩影与预演；城市视角，在雾色中包

概念效果图

装一个漂浮的发光盒子；个体视角，用情绪串联空间，在电影般细致的镜头中流连。

镜头从城市视角展开，由远及近，用情绪串联场景：好奇、期待、酝酿、震撼、感动。山城的3D动线在这里发挥到极致，步行到达会所电梯厅、上电梯、穿过连廊到达会所、穿过室内到达观景平台，动线上通过景观手法，屏蔽周围环境的不利因素，把视线聚焦在精致之处，让参观动线充满令人惊喜的编排。

好奇：漂浮的盒子

重庆的江景是两岸风光的相互成就，场地在享受得天独厚的一线江景同时，又与对岸的风景相得益彰。在山城的雾色中，它是一眼可辨的标志物，不同的节日发出不同色彩的光，远远地让人好奇：对岸的那漂浮的发光盒子是什么？包装后的挑台，几何造型呼应建筑体块，盒子由

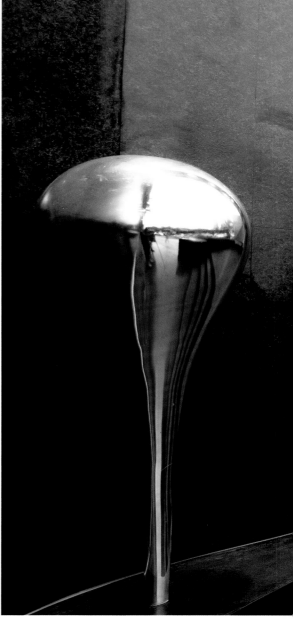

88组长2.7米、宽1米、重80千克的外挂格栅模块人工安装组成，模块化的设计解决了荷载限制和施工界面的问题。

期待：神秘入口

街道转角的电梯厅入口，是礼遇的开始。黑色皮革面石材与亚光金属，在黄色系背景下独具一格。隐藏在水台后的婉转台阶，半掩在倾斜的格栅与植物后的入口，两颗水滴雕塑悬在展开的画框中，半开半合，以神秘感吸引人探寻，再以亲和的姿态迎接来客。

酝酿：光影下的长镜头

电梯开合间，从烦嚣闹市登上至宁静空间。凌空30米的连廊，连接会所入口，这里我们用一排倾斜15度角的格栅，把光线调暗，把凌乱屏蔽，白天光影在格栅上游走，夜晚散发悄无声息的暖光。我们提供了一个富有戏剧感与仪式感的进入方式，脚步回响，如同即将出席舞会，漫步在酒店的走廊。30米的距离，有足够长的时间，把心情调入慢与静的状态，去迎接下一个惊喜。

震撼：看不尽的江景

穿过室内大堂，第一眼的江景是极致的震撼。重庆人与江的互动在楼上也在江边，泳池中两条白色条石还原江中凸起的江滩石，让人回忆起坐在江边的场景。完整的水面里嵌入一条通向江边的通道，变尽端式动线为洄游动线，拾级而下，镜面水慢慢升高，行走时随手拂过，坐下来被水面包围。下至挑台，视线已经完全没入水面之下，才发现临江的池壁是透明亚克力，水池底蓝色渐变马赛克折射出蓝宝石一样的光。

感动：生活的慢镜头

有些故事只发生在重庆，有些体验专属于此处。可持续的场地不仅要求空间的多元，其间的体验也要足够丰富和新奇。要有下午茶、晚宴、泳池派对，还要有艺术展、沙龙等可变的功能场地。要能悠闲地躺在泳池边、围聚在水面包围的卡座里、倚靠着望江的吧台、依偎在炉火雀跃的矮榻。

风拂过蓝花楹的叶子，城市的灯火蔓延到泳池边，夏日的狂欢，冬日的晚宴，一幕幕都是沉浸式的生活预演。

特写：静谧中的细致呈现

材质体系中，加入沉稳的黑色石材、优雅的拉丝金属和跳脱的橙色软装。为体现细腻的酒店质感，立面选用皮革面安哥拉黑石材、金属选用拉丝面阳极氧化铝板，如黑色皮革与金色丝绸，尽显黑金会所神秘奢华。蓝色渐变泳池池底，在玻璃、陶瓷、贝壳、石材等马赛克种类中，选择具

有金属光泽的金线玻璃马赛克。为最大限度的展现江景，泳池临江一面选用36米长亚克力池壁，夜空中如同镶嵌的蓝宝石。

夜幕降临，城市的灯火已足够绚烂，为了凸显场地氛围，对灯光的运用十分克制。灯融入环境和景物，不露痕迹地照亮夜晚，偶尔化作点缀，也是极致精美。

依山临江的建筑，经过客梯、架桥、隧道方能到达的凌空会所，时间侵蚀的场地，依旧震撼

的江景，是专属于魔幻雾都的素材。包装一个悬浮的发光盒子，是给城市的好奇；屏蔽嘈杂破败，聚焦于精致之处，是给观者的感动。目之所及，面面俱到，周至奢华。

享一隅宁静，享宴酣之乐，享一场沉浸式生活预演。

项目面积：
11858平方米
业主单位：
中海地产
建成时间：
2020年

设计团队：
郑莉莎、宋珂、黄文慧、何霞、李宇宸、
陈俊潼、计晓冲、刘璐
施工单位：
南京古城园林工程有限公司
建筑设计：
深圳市华阳国际工程设计股份有限公司

室内硬装设计：
广州GBD设计有限公司（售楼部）、
广州市泽辰装饰设计有限公司（样板房）
室内软装设计+雕塑设计：
深圳市普瑞得景观设计有限公司
照明设计：
广州名至照明发展有限公司
摄影：
超越视觉、刘聪（赛肯思）

广东 · 广州

中海左岸澜庭

成都赛肯思创享生活景观设计股份有限公司 / 景观设计

　　平凡的我们随着时代的洪流滚滚向前，作为
苍茫世界中的微小个体，繁忙地工作，机械化地
生活，面对都市的巨大压力，我们都曾不顾一切
的想要逃离。生活与工作之间，难以找到一个平
衡点。面对苍白的生活现状，唯有打造一个契合
生活需求的景观居所，才能为与生活疏离的都市
人群带来一丝温暖。设计师以公园中森林、鸟巢、
鸟作为设计元素，将"公园、生活、场景、沉浸、关
怀、情感、品质"作为设计核心，以"精工细作"
的品质景观重塑与家人邻里的关系。

项目定位

主打番禺本地品居客户，吸附天河海珠区域品居客户。

项目定位核心客群为番禺本地品居客户，首置居住需求、生活环境改善或空间需求改善，希望生活便利。

考虑到海珠、天河区品居客户被价格挤压而外溢，出于自住考虑，追求居住品质和性价比，对片区交通便捷度和配套成熟度较认可。

设计定位

在现代城市的巨大压力下，工作和生活难以找到很好的平衡点。在都市下的生活矛盾里，设计师将打造一个契合生活需求的最佳环境，为生活带来全新的色彩。

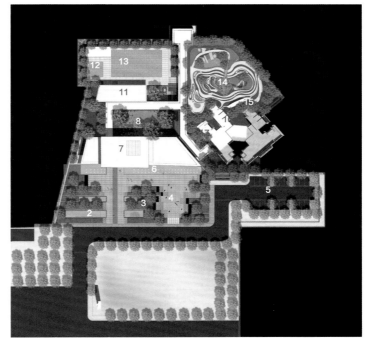

1. 精神堡垒
2. 喷泉水景
3. 林荫树池
4. 主题艺术雕塑
5. 停车场
6. 镜面水景
7. 售楼部
8. 归家庭院
9. 观景连廊
10. 会所庭院
11. 会所
12. 儿童泳池
13. 成人泳池
14. 儿童乐园
15. 儿童区休息廊
16. 妈咪room
17. 儿童四点半学堂

总平面图

设计灵感

设计师选取了随处可见的自然元素：森林、鸟巢、鸟。鸟巢代表温馨的居所，倦鸟归巢，我们都向往有个如鸟巢一般的家，那是亲情、友情、爱情的交织，也寓意着我们与家人的联系、邻里的联系、与自然的联系，那里会一直温暖舒适。

林间寻觅，寻找栖所

在荫翳的森林中穿行，薄雾似白纱轻盈，轻抚着狗尾草，跟随着指引飞往"鸟巢"。极简几何式是现代建筑的代表性符号，精神堡垒设计提取建筑几何语言，演绎现代几何线条之美，成为都市沉寂心灵的指引。

漫步其间，同享绿森

金色的阳主入口前商业街极具现代感，气势如虹的迎宾跳泉、成林列植的小叶榄仁迎接归家的人们，让在外的疲惫随眼前的风景烟消云散。树池与座椅一体化设计，在周边逛累了，可以在树荫下休息片刻。

场地中心雕塑以圆球为基础进行解构，表面作不锈钢镜面效果，地面星灯点缀，进入其中可以看到星空闪烁，仿佛身处浩瀚的宇宙之中。

安定的归家之途

飞入鸟巢，脑海中浮现童年的记忆，在院中大树下乘凉，等待父母踏风而归，亲情、友情、爱情，在时间与空间的缝隙里交织。

中庭设计以鸟巢为主题，鸟笼形状的创意廊

架增加了设计的文化和艺术气氛，人们在这里会客聊天，闲话家常。三棵枝叶茂密的香樟树将花园掩映在树荫下，夏日骄阳透过树叶落下斑驳的光，细碎又明亮，让人心中涌入莫名的家的温暖。

考虑到广州多雨的气候特点，设计师在花园中设计精致廊架，连接与分割空间，打造温馨归家体验，感受生活的温度。

畅闻鸟鸣，游于林涧

卸下归家途中的疲惫，自在地戏水欢鸣，感受属于自己的独处空间，体会生活不期而遇的温暖。

泳池设计不仅满足休闲需要，还是促进整个住区邻里互动、交往的孵化器。周边自然绿植围合，可以在此享受一场美好的假日闲暇时光，让久居城市的疲惫的心得到舒缓与放松，重织邻里关系。

泳池设计不仅满足休闲需要，还是促进整个住区邻里互动、交往的孵化器。周边自然绿植围合，可以在此享受一场美好的假日闲暇时光，让久居城市的疲惫的心得到舒缓与放松，重织邻里关系。

如果说运动会所体现了设计师对于使用者的健康关怀，那么前院小景则体现其精神关怀，男主人可以在此小憩片刻，稀释工作的压力。

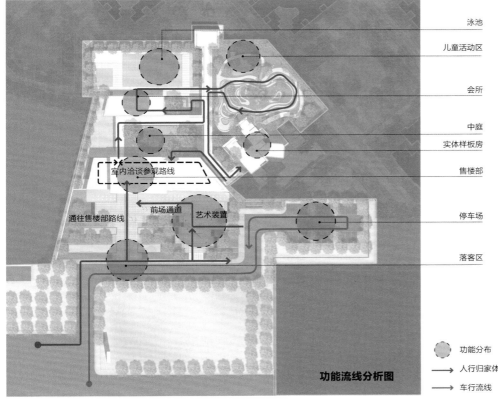

泳池

儿童活动区

会所

中庭

实体样板房

室内洽谈参观路线

售楼部

通往售楼部路线

前场通道

艺术装置

停车场

落客区

功能流线分析图

功能分布

人行归家体验流线

车行流线

穿于林间，怡然雀跃

依傍在大树的屋子里，追逐时光年轮，孩子们上蹿下跳地欢腾，开启了专属森林的冒险。

每个人的童年，都会憧憬一个小小的秘密空间，比如掩映在葱茏树木间的小树屋。设计师洞察城市儿童成长需求，创造神秘树屋乐园，将益智活动与冒险活动融入场地之中，打造多元的亲子互动空间。

设计师希望通过中海左岸澜庭项目，能在冷漠疏离的都市环境中，打造一个可以卸下一身疲惫的空间，让人们重新审视生活，感受生活的温度。

项目面积:
9800平方米
业主单位:
融创地产(贵阳公司)
设计团队:
万山、张祥沙、张旭斌、周孝露、向镜儒、谭莹洁(方案设计);徐克茂、吴剑、冯盛琪、杨林燕、李兵(深化设计)

施工单位:
重庆吉盛园林景观有限公司
建筑设计:
重庆长厦安基建筑设计有限公司贵阳分公司

精装设计:
成都市天翊装饰工程设计有限公司
摄影:
日野摄影

贵州·贵阳

融创·云麓长林

犁墨景观 / 景观设计

项目位于贵阳市白云区,毗邻长坡岭森林公园,直线距离仅300米,丰富优质的景观资源从公园向四周延展,场地东侧自然生长的原始马尾松林静谧古朴,隐匿浮躁与喧嚣。

项目入口被放置在马尾松林一侧向东而生,将林作为主体,山门作载体,设计提炼山、林、光、影,我们希望山门附着森林的原始符号,以现代手法演绎自然语汇。

现场百棵古树与地形被完整保留下来,我们用简单的设计语言绘出一条通往山林深处的道路,将栈道抬高中和场地5.3米的高差,同时被抬高的视点,让人有更好的视野感受自然气息。

山林的尽头设置了一方接待空间,从茂密的林间穿出,把人的视线引向远方。灰白色的树池、座椅与铺装,在阳光下闪耀光辉,仿佛蕴存山林的余温,用自然的色彩托起绿意。

从休憩空间往前看,水杉密林映入眼帘,水杉林曲面墙将场地分为高低两个部分,凸起的浅丘弱化游人前望的视线,抽简了云贵高原分布众多的喀斯特地貌元素,赋予曲面肌理感,以遵从本地地质文化,曲面的起伏形态与延伸纹理共同引导游人向往归家的路线。

　　沿林下小道一路往上，林荫溪谷便逐渐在眼前展开。售楼处前场被幻化成小型湿地，涓涓溪流环抱森林小屋，从两旁缓缓淌出，为静谧的场景增添山涧情趣。

　　后庭院是我们对居住生活状态的演绎，林下空间小憩，感受慵懒的闲暇时光，阳光草坪中与孩童嬉闹，拥抱亲情，对生活场景的遐想在此延伸开来，希望能够在方寸之间瞥见未来生活的影子。

业主单位：
淄博天煜置业
施工单位：
东方泉舜园林

建筑设计：
上海柏涛
室内、软装方案设计：
北京金茂（样板房）、金螳螂（售楼处）

摄影：
南西空间影像

山东·淄博

天煜·九峯

朗道国际设计 / 景观设计

在天煜·九峯的构想中，我们希望创造一个与艺术融合但又与众不同的生活空间，这种与众不同不是技法的炫耀，或是表象的装饰，相反，我们大胆地尝试去功能化，并植入事件型场景的设计，去激发体验者对于生活的感知力。

设计之初，甲方的诉求是需要一个大胆打破常规，具有强关联性和时代前瞻性的高端社区雏形设计。客群面向高端成功人士，对于生活空间已经不仅仅局限于高品质和奢华的追求，因此我

们希望构建一种度假式的新理想生活形态，将空间机能顺应需求进行微调。

项目择址于淄博核心地段，相邻的齐盛湖公园为项目提供了优越的自然环境基础。而首先打破空间机能的界限，需要弱化场地内基础功能的传统配置，以维持空间情景的完整性。

新·理想生活形态

我们假设一种新·理想生活形态的构想，关

于几何平面构图的实验，关于自由立面永恒的变化，关于空间机能的筛选，关于事件型情景的投入，将人与空间进行情感的链接，入景即入境，完成角色转换，融入避世生活。

无限延伸的仪式感

主入口的设计将建筑元素与空间秩序进行解构重组，以现代极简理念，对横向空间无限延伸，形成超序列展示面，与城市空间在视觉灭点处融合。

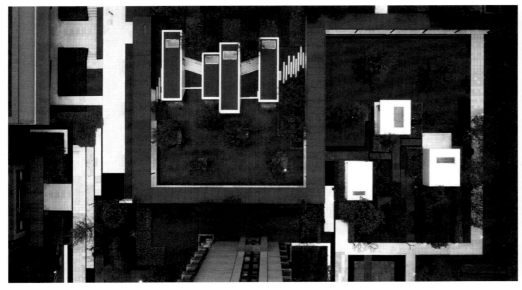

沉浸式情景前庭

进入主入口门庭，风声籁籁，车马喧嚣隔绝于外，即是入境避世。进入围合静谧的意境前庭，黝黑的石材、潺潺的水声。天光云影，落英翩然，倒映水面，在纵向上形成无限延伸。

漂浮的空间秩序

一条轻盈漂浮的风雨走廊维持着场地内的空间秩序，并为归者指引家的方向，自由平面的组合。漫步于水边连廊，光线透过格栅倾落，光影黑白交错，像是地面上铺展开的琴键。

嬉戏谷

高低错落的山水盒子，如白缎般倾落的洄游瀑布，浅溪之上林星点缀的绿岛，山影、水影、树影、光影倒映其中。自然形态的物化设计，延续景观建筑一体化的融合设计，功能置内，打造度假体系的动态活动空间，极具现代自然的艺术感。盒子内部设置了四点半学堂，儿童快乐魔法基地和全龄轻运动空间，置身其中宛如奔跑于林谷的敞然。

静谧谷

我记得看过一句话："真正的美除了静默之外，不可能有别的效果……" 当参观者步入这里即开始一场关于美的探索。依据项目客群定位以及对静空间的精神需求研究，设计师提供了参观者对于音乐共赏、休闲洽谈、商务会客三大事件型主题空间，与柯布西耶自由立面的空间表达营造不同的静享场景式橱窗。

度假式情景花园

与寻常示范区不同之处，本次项目景观设计映射大区的设计雏形，即所及即所得。当到达宅前花园场地，设计形成空间的转换。度假式花园设计，空间内向，小径、草坪、平台与绿植划分出适宜的尺度，以自然的秩序和包容，等待回归释放后的平和。

艺术源于情感的动容

设计师说："艺术浸入设计，并不局限于表象形式的装饰，也可以是人们情感抒发的意识流形态。我们可以幻想自然的情绪变化，幻想置身于戏剧中的情感动容，幻想可以充斥在每一个生活情景中……简而言之，人们常说的生活仪式感就是我们的幻想，幻想激发了我们对生活的激情，其实我们一直置身于艺术之中……"

后疫情思考下的空间组合

设计中关于后疫情时代的思考：尽可能减少人群的聚集，相对独立、相对丰富、相对自由的情景空间设计，隔离现世喧闹，产生人与空间的情感牵绊。

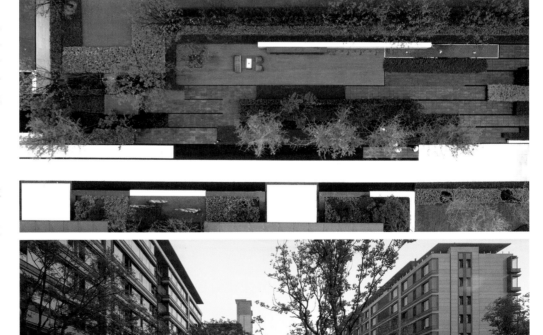

项目面积:
2300 平方米
业主单位:
沈阳建新联合置业有限公司
建成时间:
2020 年

施工单位:
广东东篱环境股份有限公司

项目类型:
主题乐园

辽宁·沈阳

富力院士廷·泡泡宇宙儿童乐园

奥雅设计北京公司洛嘉团队 / 景观设计

也有这样天真的时刻,我们吹出圆圆的泡泡——透明的、闪着七色的光,托着幼稚的梦飞向天空……我可以在泡泡里睡觉吗?可以让泡泡带我去旅行吗?可以和小朋友在泡泡里做游戏吗?想去一个全是泡泡的星球!那么让我们此刻就降落吧,降落在这蓝色奇境,梦幻的泡泡宇宙,成全我们的想象,每个泡泡都是一个小星球,用各自的方式欢迎小客人。

作为一个将来要融入社区公园的、开放的销售中心儿童活动场所,泡泡宇宙儿童乐园被赋予

了承前启后的公共性职责,怀揣着为孩子们提供"可持续快乐"的普世情怀,设计团队以广受孩子们喜爱的泡泡元素打造了一个主题乐园。

你能想象吗?宇宙的另一边有着另一个宇宙,他们叫它"泡泡宇宙","小泡儿"就来自那里,将对我们讲述一个以纯真对抗麻木虚妄的故事。

孩子的每个幻想都值得被尊重,泡泡宇宙是一个储存浪漫与童真的容器,孩子们将和小泡儿一起,在这梦幻的世界中探索遨游。

仿佛会呼吸的灯火,闪烁着在酝酿什么?它等待着孩子们来临,触动生命的机关,喷出成群的泡泡,演出奇幻浪漫的"泡泡大爆炸"!奔跑、飘舞、笑声被梦幻的泡泡裹着随风儿飘远……

传说在"泡泡大爆炸"之后,诞生了许多"泡泡星球"。这些星球各有特色又互为表里。它们或相依或相离,彼此间的"引力"使得其内部又有着奇妙的牵连。

各种形态的星球带给孩子们不同的快乐。这里是孩子们的秘密基地，是设计师为孩子打造的主要游乐载体。

暗藏玄机的音乐秋千，一坐上去，座椅灯就会亮起，并伴随着鸟叫与虫鸣，更添亲近自然之感。互动感应砖让孩子们的每一步跳跃，都自带颜色。

在泡泡星球上，设计师还设计了一圈一圈的圆形气孔。这些气孔外大内小，可以使星球外部的空气通过逐渐缩小的气孔进行"压缩"，从而降低气流温度，起到为星球降温的神奇作用。

各"泡泡星球"依靠内部的"阡陌交通"联合成一个整体，鼓励孩子们在这里探索发现、磨练意志。

泡泡宇宙的"银河"是一片浩大的水乐园，在夏日，"泡泡银河"是清爽凉快的欢乐圣地，在冬季则将成为惬意暖和的温泉海洋，为孩子们带来丝丝暖意。

泡泡宇宙儿童乐园位于沈阳沈北新区院士廷售楼处内。其地理位置毗邻居住区以及商圈，起初作为一个销售热点的儿童场所，将来它会成为辐射这片区域的核心乐园。

乐园做出的定位是"半室内"户外儿童空间，希望通过设备和大树为场地提供遮荫和凉爽。整个场地设计经历了多轮的推敲阶段，从各个方面出发，综合考虑场地及游乐设备的合理性、美观性、实用性。

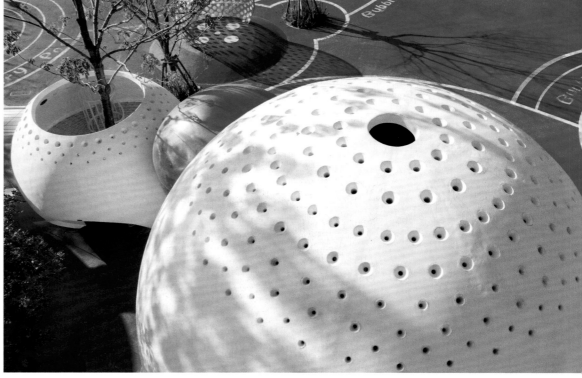

项目面积：
8259平方米
业主单位：
融创华北区域西安公司

建筑设计：
上海日清建筑设计事务所（有限合伙）

精装设计：
森之国际设计事业有限公司

陕西·西安

融创江山宸院

广州观己景观/ 景观设计

中国传统空间讲究围虚纳空，建筑宛如环境中生长而出，环境如同建筑的衍生，二者相辅相成。设计师通过建筑的围合空间，通过5个中国传统院落空间构建手法的运用"起、承、转、合、放"，打造出不同的院落意境，尝试营造独属于西安的当代人文生活筑居。

设计结合建筑风格本身，强调景观的人文基调、简约细节、平静而流畅、打造中式生活美学的范本。

入口精致极简的门楼与宛如水墨画的材料颜色搭配，给入口增加仪式感，奠定整体环境氛围。通过墙面细节与巧妙的窗洞位置给曲折回廊增添了可赏可玩的游览乐趣。回廊环绕的是七松庭，斗折蛇行的廊庭、自然流畅的绿岛、禅意松石、结合水中倒影，整体结构成堂前水院画景。

沿回廊绕水院走向售楼处，仿如自己也融入画中，也是融入在整个生活氛围中的一员。以传统上水画卷为主线，移步异景，庭廊也为该区域提供可供观赏和休憩的空间。

堂后听枫庭与样板房所在研书园延续同样禅意自然风格打造以植物观赏为主的庭院空间，曲径揽盛、四时不同。是道，俯水枕石游鱼出听，临流枕石化蝶忘机。

观宸：眺影门

一园中，以门为礼。院墙四合，庭中之景影影绰绰，如隔世之眺，故此，作"眺影门"。

结合周边古树参差，整体氛围宁静而悠远，再现画中景。

枕流：延山径

　　一入山门便觉远离闹市，沿途经过狭长的林荫夹道，山石散布恭迎归家仪式。越过水上飞桥到达入口前厅，便有等候接待之人。

仰止：七松庭

一园中，以松定调。百树之长，经冬不凋，处处皆欣荣。故取画中七松植于院中，是为"七松庭"。

晴雲

引羽

沐陽

蒼語

近影

綠濤

凌雲

伴学：伴学堂

　　建筑幻影阁精致玲珑，环绕以树石围墙、以置石喻林立山峰，微缩山峰耸翠之境。枫林之下，打造寂静禅庭。

春深：研书园

步入合院之内，沿桥可到达每间房屋。合院内树木青葱，点石其中，盘坐于置石之上品读诗书，尽享受诗意居家之乐。

项目面积： 8600平方米	建成时间： 2020年	业主单位： 阳光城集团广州区域

广东·广州

阳光城·当代檀悦 MOMΛ

GVL怡境国际设计集团 / 景观设计

项目以都市山林为题，借场地特质，溯檀意庭园，营造山水于方寸间，蕴自然园林特色和历史文化底蕴。项目场地位于广州，始于典故"五羊衔谷，萃于楚庭"，借羊城八景取意立园，以此致敬"楚庭"风华。寻石探树，叠山理水，打造意与境的奇妙结合。堂前以石、以水、以树营造广州泽地的云山珠水。绕长廊如境，可观清流高瀑，流水溪涧。嶙石流水，光影交错造就檀意园林景观，探索当代雅居生活。

云山叠翠

以石为山，以水为江，以树为林，打造云山巍巍，流水潺潺的门前山水景观。

洲渚流芳

走入廊道，散布的奇石和绿洲隐喻着珠江沿岸的风貌。光影、奇石、绿洲浑然天成，这绝妙的景象使得空间的体验感更为丰富。

珠水晴澜

潺潺流水从石台落下，注水入溪，营造未见其景先闻水音的佳趣妙景。

粤韵风华

汇聚自然元素水、石、木，打造自然园林。木质平台被巨石、茂树和流水包围，形成一个公共的放松聚集区域。

流光映水

　　两边建筑以一桥相连，桥侧水流蜿蜒，光和影在水面倒映。夜晚来临，帘上密布星光，和周遭环境形成秀美的场景。

寻石记

　　项目的灵魂是由各种黑石组成，或大或小，或巍峨或玲珑。园内五块大石，隐喻楚庭五羊故事的延续。

街道商业景观————————————————————————————————————

项目面积
49239平方米（含市政代征地）
业主单位：
万科集团

设计团队：
杨玄玄、李亮、杨昆义、曾均建、冯浩、
李致辰、刘波、曾寅、金玥琦、何金翼、
陈丹、且磊、吴青宴、何泽窃、蒋彪、
王鑫、罗梅、于云青
建筑设计：
基准方中

施工单位：
兴立园林
摄影：
镜上视觉摄影

四川·成都

天荟·万科城市广场

致澜景观 / 景观设计

成都，积淀着古往今来的诗情画意，有偶得一见的盈盈雪山，有寻常人家的平常烟火气。越过昔日的蜀道之难，城市的发展变得拥有千般可能，被人们刻画出万般模样。当蓬勃的潮流注入城市空间，老城也迎来了年轻的血液。

项目涵盖了住宅人居、公共空间、文化旅游等功能区块，作为成都新兴的城市公共体，该如何打造差异化的商业体验？在旧工业景观与现代化商业景观之间，又该如何承接东郊记忆的历史文脉，达到城市的过去性和未来性的平衡，打造一个既传承着过去的文化记忆，又预示未来无限可能的新兴城市空间，这成为设计的难点和重点。

从大拆大改，到原汁原味的修旧如旧，再到多元复合、寻求革命与传统的共存结合，城市更新一直在追求回顾和展望的结合，寻找过去与未来一脉相承的联系，让历史文化与现代生活交相辉映，文化记忆原生的温度与诗意传入新空间，融入到城市生活当中。

与过去对话，与现在对话

东郊记忆工业园区服务着成都一代人的生产生活，拥有着直接而相互的空间组合、自由而连贯内部流线设计。项目延续着这种特征，空间与布局样式相协调，关注居民、游客以及商家在空间中使用的可能性，让空间使用者能够拥有一个开放且具备自定义特性的生活空间，如此构建一个明亮自由且具有生机活力的城市空间，形成存在于人们的记忆里的场域。

项目南侧沿城市主干道，为了提升场地的标示性与动感，设计从地形营造、地面铺装等方面着手，沿用东郊记忆场地内的钢铁、混凝土材质运用，利用这些元素重组形成场地语言，与商业街的建筑呼应，与东郊记忆的场地进行对话。

出于对场地区位的考量，沿街干道融入市政绿化，通过设计商业外摆的前场绿地，将行车与游玩的功能分流，在确保商业外摆隐私度的同时，增加商业店铺的展示面。与此同时，植入艺术元素创造丰富的视觉互动体验，打造院落前的小广场，营造不同功能，扩大市民驻留行游的空间。

自由与秩序：空间的两面

在主轴线内部，设置简单易动的景观小品，人们能够轻易推动组合拼贴成舒适的场景，面对各式各样的元素发挥出自己能动性。

项目中心区域设置小集聚空间，成为连接东郊记忆与新城市空间的通道。中央地块铺排点景涌泉，间歇性运行的水景增加游览的视觉和触觉体验，极大地丰富了空间层次，增加空间停留的可能性。

项目面积	**设计团队：**	**石材：**
898 平方米	黄伟朋、范彦钰、梁晋铭、罗智、黄芸衡（实习生）	云浮市焯诚石业有限公司
业主单位：	**现场设计：**	**铝板：**
广州市越秀区商务局	张祖德、范彦钰、黄伟朋	广州市富腾建材科技有限公司
建成时间：	**景观施工图设计：**	**灯具：**
2020年	广州络柯森建筑设计有限公司	中山市轩昂照明器材有限公司、广东雷狮光电技术有限
主持设计师：	**合作方：**	**不锈钢：**
王宁、方斐	LIGHTHOUSE灯塔文化（文化标识设计）	中山市胜德设计装饰工程有限公司
建筑设计：	**品牌：**	**摄影：**
林庄、张祖德	凯撒白麻花岗石 绿植 金属	吴嗣铭、方斐、彭铭钧

广东·广州

东山少爷广场社区公园改造

哲迳建筑师事务所 / 景观设计

　　东山少爷广场位于广州市越秀区东山口非常独特的位置，一直以来都是东山口商业活力轴与居民生活轴的交会点，也是公交站点的始发点与终点，更是人们搭乘地铁前往新河浦历史保护片区必经的城市公共节点场所。

　　东山少爷广场2000年经历过一次整饰翻新，十年过去，植物依旧绿意盎然，但广场整体使用品质低下，使用人群单一，公共维护不到位导致景观构筑物区变得消极，成了卫生黑点与治安盲区。

　　本次提升改造的目标是能够令更多的社区居民能像使用自家客厅一般使用这个公共场所，既自在又自豪，同时能吸引更多的外来游客通过广场游历了解到广州东山地域文化。最终，因为使用人群的增加与多元化，年轻活力与文化传递被点燃，真正激活从一个社区公共节点到下一个社区公共节点的能量传递。

　　东山少爷广场的景物与人物共同构建了一幅幅立体的、随时间变幻的空间画面，其中树木起到了非常重要的空间限定作用。小叶榄仁枝干分明，叶片不重叠的特性令阳光有层次地透过，斑驳撒落于地面。人在下部活动，视野通畅。光线经过叶子过滤形成自然美丽的光型图案，空气流畅而不急速，一份舒适而静谧的感觉油然而生。

　　东山少爷广场有优秀的树顶遮蔽形成的稳定空间感，有树干作为轨迹参考形成天然的流动感，唯独缺少了树干下面的另一个层次，让人坐下来与之静静相处的内容——草地。草地不处于人

的脚底，而是"浮起来"，跟人的坐高一致。使用者在坐下时，因为没有背靠的原因，也因为树池尺度的原因，会无意识地向后靠，触碰到草坪。

为了让居民能更关注到草坪的存在，设计师刻意分出另一个高程，把草坪托举在亮眼的不锈钢圈上，精致地"捧"到了人的眼前。设计师还额外关注到草坪在日夜更迭中的场景变化，夜幕降临，景观照明光晕越发明显，一滩一滩自然散落在弧形的坐凳上。下班高峰时段过去，城市节拍慢下来，逐渐放下忙碌心情的人们放缓脚步，在这里享受片刻惬意，享受暖光下草坪给予的温柔治愈。

场地上部疏透绿色叶片与光线组合的图案感一直是设计师想重点呈现给市民的美好景象。一道光带，一片剪影，一丝灵动……最终设计师把目光聚焦在既作为坐凳同时又作为花池围挡的城市

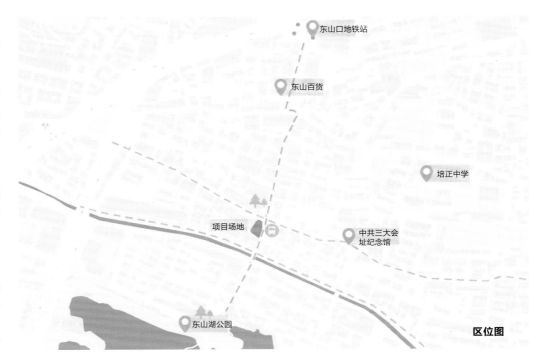

区位图

局部节点放大图

家具上。城市家具在树荫构建的空间场景中，更像是在弥补低区的空间功能，而不是单纯的，传统意义的作为一种使用功能存在。它们既是坐凳，又是树池，既是开放的公共城市家具，又是空间围合道具，既是行走限定，仿如"栏杆"，又是孩童可以踩踏奔跑的"赛道"。

石材的光面带来犹如水面般对于上部树冠，上部绿意光斑的丰富反影。光洁的质感与弧线的形式语言相搭配，一条浮起来的光影彩带，让原本安静的场所添加了一笔曼妙。

场地上人们独自休闲，三两成趣，低声细语。

空间的流动感与人的离散感、区域限定感一并构成了既矛盾又互补的场域变奏曲。这种自然的流畅与变奏与几何线性的形式语言似乎有先天的匹配优势，流畅自然变奏生趣。

场地的模样显然不是被设计师空想出来的，而是场地使用者自发构成了它的初始基因，经过设计者与管理者对多元属性的合理添加，置入时间的变量，并以长期维护，共同监督的使用方式来引导出来的。这样的场地才会在改造后长久获得市民的喜爱，发挥出除了美以外的，更契合未来城市发展变迁的多元使命。

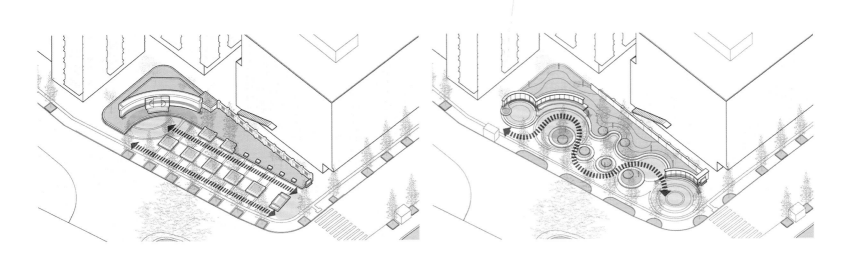

项目面积：	建成时间：	摄影：
1500 平方米	2020年	迈德景观（Mind Studio）

贵州·贵阳

家门口的口袋花园

贵阳蓝调迈德景观规划设计有限公司 / 景观设计

著名设计师罗伯特·宰恩提出："我一直确信，我们应该在建筑物中间特别留出一些露天场所，当我们的居民在白天休息时，能够有地方坐下来获得快乐。"作为社区生活服务区，设计利用服务中心建筑前区的小型场地，打造了一个临路而栖，三面围合，为往来的行人与休憩的员工提供方便的休憩、交流洽谈、轻食小饮的轻松休闲空间，如同一个口袋花园，轻松实用。

东侧为服务便利店，为了分隔空间，设计利用临路的高差分级设计进行场地划分，人们可以通过入口处台阶和无障碍坡道进入场地，将园内空间与繁忙的道路分开。口袋花园利用水体和灌木绿植分隔临陆界面，既保证视线的通达又区别了空间的属性。廊架和水中卡座，为人们提供自由享受的休闲场所，和多样的交往空间。

下沉卡座区域

下沉卡座压顶采用异形花岗岩，池底及池壁为卡拉拉白大理石，卡座下方灯带及水面倒影的建筑光影使得整个空间更具灵动性而富有品质感。水中树池精巧生趣，并为人们提供赏心悦目的绿色景观。从鸟瞰角度可以看到下沉卡座是嵌于水面之中，置于水面之下，这种空间布局可以给到达此处的人带来强烈的空间包裹感和归属感。水中树池及水体旁高大的乔木为卡座空间提供了舒适的乘凉休息区域。

休憩长廊区域

轻质的悬挑廊架和卡其色帆布相结合，让场地显得更加轻松自由，在满足遮阴的同时，下方的长凳也为人们提供了一个可以交流谈心的静谧空间。

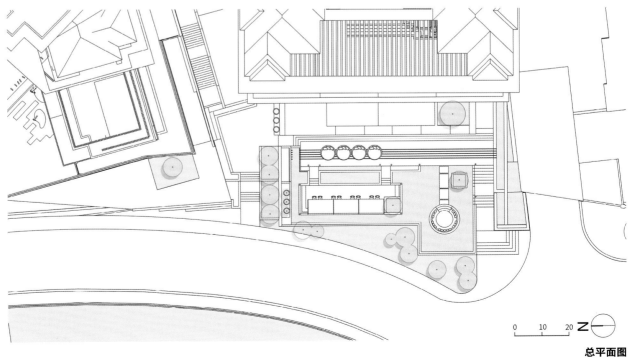

0 10 20 N

总平面图

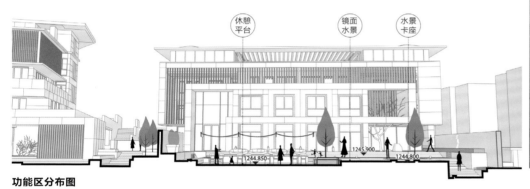

功能区分布图

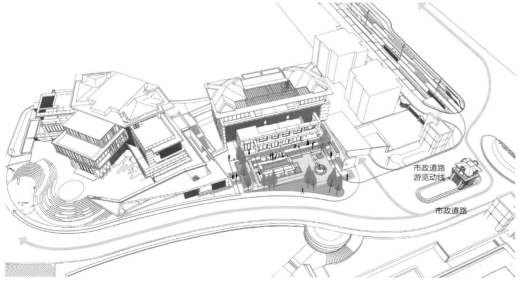

动线图

社区客厅区域

建筑与室外需四级台阶平衡高差，除台阶外铺装多选用仿石材，铺地与台阶的线性打造方式，使平台空间更为汇聚连通。植物多为常绿花灌木，丰富景观层次的同时，也能更好地起到划分空间的作用。北侧的对景景墙，设计有石制流水口，通过水流声巧妙地缓和了城市的喧嚣，使人如置身于自然之中。到了晚上，水中倒映霓虹灯光，水幕潺潺引人沉醉其间。

社区客厅

下沉卡座

休憩长廊

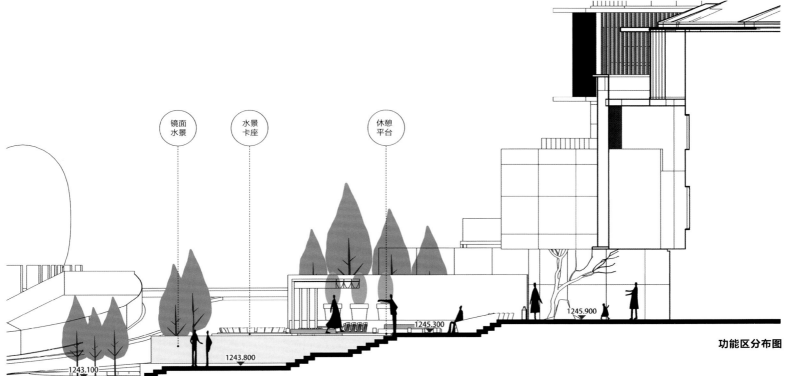

镜面
水景

水景
卡座

休憩
平台

1245.900

1245.300

1243.800

1243.100

功能区分布图

项目面积
约20,000平方米
业主单位:
旭辉控股(集团)有限公司上海区域集团
建成时间:
2021年
主创设计师:
Stephen Buckle
(ASPECT Studios工作室总监)

设计团队:
陈韵天、许宁吟、叶舒萍、廖萌、
罗彦、Phannita Phanitpharadon、
Alex Cunanande Dios
责任建筑师:
上海天华建筑设计有限公司
照明设计:
优米照明设计(上海)有限公司
景观施工图设计单位:
上海季相景观设计有限公司

立体绿化深化设计与景观施工单位:
上海北斗星景观设计工程有限公司
室内设计:
Ateliers Jean Nouvel、
集艾室内设计(上海)有限公司
立面设计:
RFR
结构设计:
P&T
摄影:
Raw Vision Studio董良、10 Studio、
Stephen Buckle、G-ART

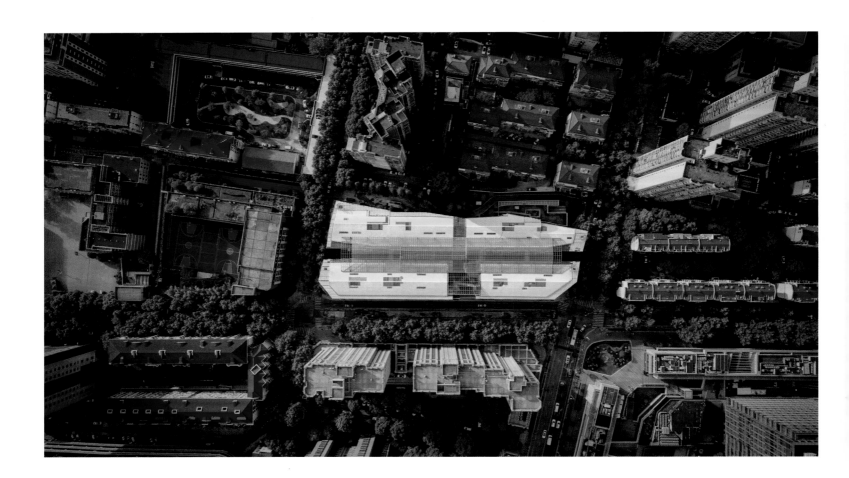

中国,上海

恒基·旭辉天地

ASPECT Studios/ 景观设计

恒基旭辉天地,一个融合了上海传统文化与城市肌理,又大胆、热烈、超群的充满生机的创新空间。他巧妙地将周围的文化元素编织到其独特的设计中,并将鲜活绿色纳入城市,为未来城市创造了一种人和自然繁荣发展和谐共生的空间模式。以独一无二的姿态身处城市中心,注视着城市空间,也被人们注视着,成为了一张颇具辨识度的城市名片。

早在2018年初的时候,ASPECT Studios接到旭辉集团的委托,作为主景观设计顾问加入到由法国著名建筑大师让·努维尔(Jean Nouvel)

领衔设计的The Roof项目中,为这座标志性建筑提供景观设计和主体立面的生态垂直绿化设计。在项目设计的过程中,与项目场地相邻几个街区的ASPECT Studios上海团队拥有对项目得天独厚的优势,那便是对项目的透彻分析,本土文化的真正理解,对里弄空间的深入感知,以及对社区活动的观察入微,所有的这些都为最终呈现出恰如其分的设计成果与实现项目美好愿景打下坚实的基础。团队的设计工作从项目概念阶段之初介入,经历概念设计,方案设计,深化设计,施工图设计审核,以及现场施工阶段。

上海是世界上最具标志性的、现代化的、快节奏的、人口密集的国际大都市之一。这座在中国被称为"魔都"的城市,满是伫立的高楼大厦与行色匆匆的步伐。当远离车水马龙的繁忙街道,走入里弄窄小空间里时,会感到极具悠闲和生命生长的气息,那里有很多值得玩味并为之停留的空间。这些具有100多年历史的典型的里弄巷道,承载着上海真实的社区和本土文化,独特且深存于城市文化精髓当中;他们盈盈绕绕在上海的现代化楼房和城市空间中,闪耀着上海这座城市独特光芒,娓娓道来自己的百年故事。

设计伊始

这个项目的设计的灵感始于让·努维尔大胆而独特的建筑设计理念，这种理念来于对空间中人性化尺度感受的深入探究。

景观设计团队基于建筑设计的理念，采用了基于设计的实验验证的方法进行设计和记录更多有创造性的设计过程，这种方法广泛用于如何营造人居舒适空间和体验、选定合宜植物种类、实现生物多样性和研究季节变化，材料选择和场所空间细节设计中去。

整个设计过程中，我们的景观团队有幸在业主团队的组织下，在上海市郊组建了1:1实体搭建，用于测试和研究建筑、景观、结构、灌溉等方面组成的复杂体系实际的运行方式与可行性，确保植物从种植开始呈现的效果与后期养护问题。并从此过程中采用了先进的苗圃策略提前种植对应季节每个盆栽的品种。

城市基因

与现代上海常见的熙攘、喧嚣的街道不同，里弄的近人尺度的微空间特质自然地将人带入到悠闲缓适的生活状态中。鲜艳明快的红砖与米黄色墙壁构成的线性矮窄巷道；随处可见的绿植盆栽蔓延生长在建筑表皮、角落、入口、阳台和窗台上，共同孕育出人与绿植、肆意共生的氛围The Roof携带着其独特的，真诚的城市文化基因，开启了一个当代城市发展的新篇章。

历史街区归属　　　　　里弄内街生活方式　　　　　元素、层次与人　　　　　现代色彩整合

建筑概念

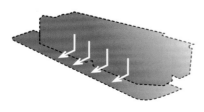
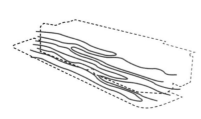
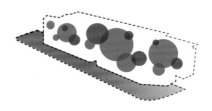

横向纵向的统一　　　　　自然流向和节奏　　　　　绿墙与生物多样性

设计原则

概念生成图

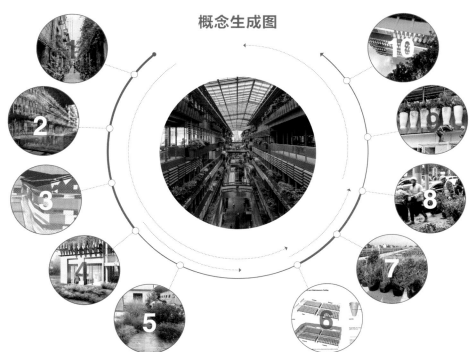

1. 灵感和场地原貌
2. 概念设计
3. 设计理论依据
4. 研究植物
5. 建模井测试
6. 编著系统
7. 先进的护理
8. 场地种植
9. 安置
10. 立面完成

空中花园概念生成图

立面与铺装示意图

在项目设计过程中，传统里弄的DNA渗透在项目设计和决策过程的每一个细节当中，将人与自然共生的愿景，多样化社会生活方式在多个空间层次中表达。

项目的精髓则是其大胆的建筑和独特的建筑生态立面，空中平台和空中花园，与随处可见的景观植物花钵的巧妙结合。这些渗透在建筑空间各处的花卉、灌木和悬垂的植物构成了非凡的视觉和空间展示。整个场所与自然产生共鸣，为城市和社区增添了一份特殊的魅力。

项目基地周围环绕着活跃且丰富的商业、生活和文化空间，所以项目设计在充分尊重周围的城市肌理、空间尺度、生活方式的同时，又为整个街区带来在空间层次的细腻处理和与独一无二的个性。为了融合传统的里弄特色，项目最具可辨识度的点就是他的生态立面设计。

整个项目共有10个立面。在这些立面上，有水平布局和成簇组团布置的植物；每个组团都是经过精心策划和挑选的植物组合，包括灌木和悬垂植物，选用原则也都充分尊重在地性，适应当地的气候条件。这些植物组团从中庭延伸到外部立面，展示了一个随着四季更替不断变化的生态画面。充满生机的生态立面吸引来自自然的动物

们进入到城市中心，这无疑为人与自然创造了和谐共生的场所与条件。

作为当代办公和商业中心的标志性项目，它将游客和办公人员带入到一个从内到外充盈着绿色生机的环境。在建筑的顶部，设计有两个屋顶花园，因地制宜地布置着树木，面向天空，给人们创造了一个共享的平台，可以看到令人震撼的城市天际线。在特定的楼层设置空中平台，这些平台为身处密集的城市中人们，提供了一种沉浸式的、凉爽和开放的空间，让身处闹市的人们仿佛漫步在自然中，拥有了与自然的连结和难得的宁静时刻。

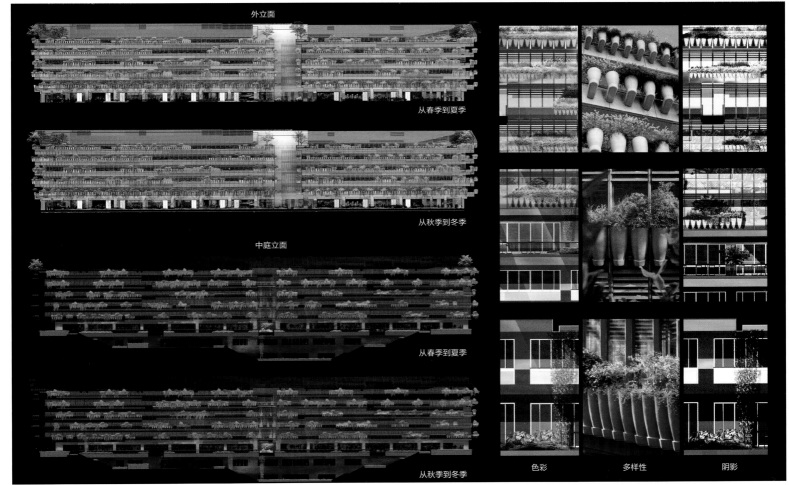

季节立面展示

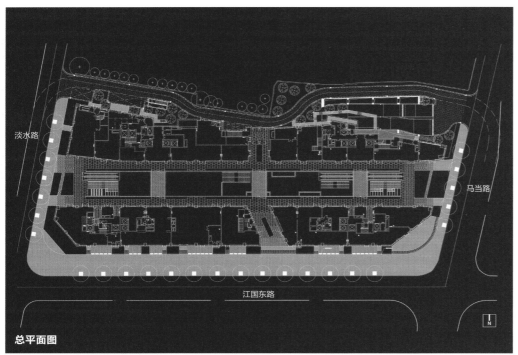

总平面图

结合对本土文化、气候、城市肌理和场地环境的回应，以及对未来城市生活方式和需求的思考，项目将以抽象的手法反映"里弄"文化，大胆地定义了全新的城市体验：具有领域感的现代生态型商办空间，并将其巧妙地融入周围环境之中。

这里的景观和建筑模糊了传统的跨学科界限，以大胆而生动的方式诠释了本土文化、城市生态多样性和城市未来生活的可能性。

基于事实的设计

在立面设计中，整个团队针对于项目不同层高的各种微气候条件进行了多种关键的分析，用以适配到在其条件上合适的、可持续的、美观的植物配置。

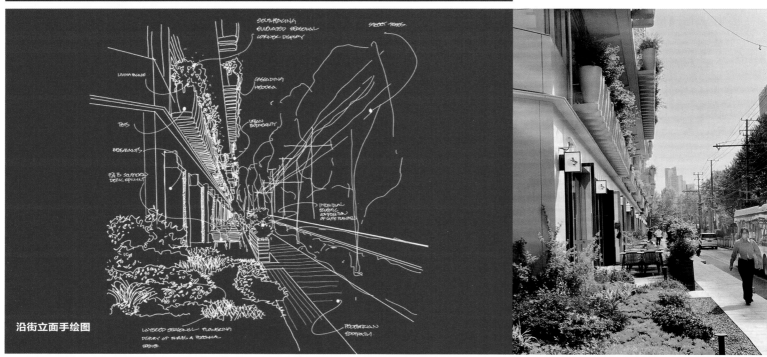

沿街立面手绘图

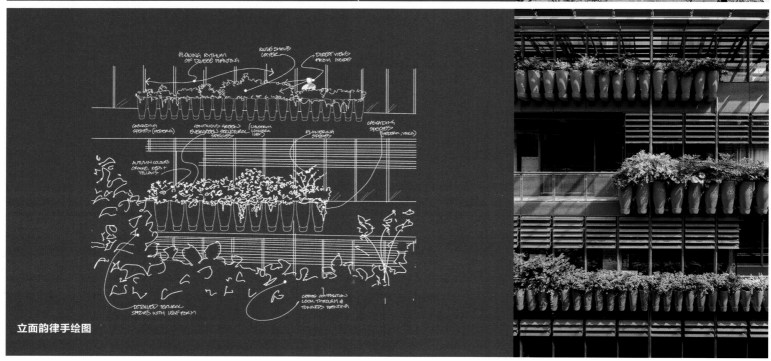

立面韵律手绘图

在设计初始阶段，团队便收集了有关太阳能、风能、日照和其他与建筑和其周围环境有关的微气候的数据，并使用最新的微气候建模工具对这些数据进行了数字化深入分析。最终这些数据被用于选择适合每个立面花盆的确切条件和详细指标，如植物物种，它的朝向，海拔以及精确到花盆的大小。每个立面花盆内都有一个完整的灌溉系统，它位于覆盖层的顶层下，以确保水有效利用，并减少蒸发。

生态设计

人们的天性是热爱自然，我们渴望与自然产生密切的连结，于是自然环境对我们来说无疑是保持健康身心和充满活力的基本需求。

因此，项目在设置植物的时候是经过妥善考虑的，让人们从建筑内部可以看到它，让每个在办公室工作人员享受舒适的，沉浸在自然环境的感觉。我们的觉知被自然唤醒，我们处在快节奏生活下紧绷的神经也被放松。

这种与自然的连结，在工作场所显得尤其重要，因为绿色空间、自然光和植物的组合被证明有助于个人健康和幸福，也会更有利于提升员工满意度、办公室生产力，以及帮助更高水平的创造力、积极性和效率提升。

项目注重提升城市环境中的生物多样性。特定植物种类的阵列和自动灌溉系统，确保与传统种植相比减少了对水的需求，同时为所有居民提供一个凉爽、舒适和独特的与自然亲密接触的场所。

极富生命力的植物立面将更多的自然气息和生态有机引入了密集的城市中心。城市快速的步伐在无形之中增加了人们的精神压力，而蓬勃发展的自然环境和生态原则在视觉和心灵上都创造了令人愉悦的柔和氛围。

通过如此韵律变化的垂直绿化与文化元素的结合，增强了使用者和整个社区的联结，促进了城市与景观之间的共生。通过人与自然的本能联系，去真正地关照城市使用者的福祉，达到人与自然共生的繁荣景象。

城市生物多样性和季相变化

绿色植物被引入城市建筑空间内部并吸引了自然生物的到访，这会将丰富自然生物带入城市，最终在城市中创造一个四季变化的自然蓝图，从地面到上层的立体花园，吸引鸟儿、蜜蜂、蝴蝶和蜻蜓环绕在城市中。

在夏季，葱郁的植物达到生长的鼎盛时期，可以遮阳，弱化太阳东、西晒效应，从而缓和室内对空调的需求，且起到净化空气的效果。在冬季，具有季相变化的植物在叶子脱落后，更有助于阳光照射到室内，从而最大限度地利用自然光；土壤有助于隔绝部分的冷空气，形成热缓冲。

为了创造一个可以自然地反映四季变换节奏的环境，我们筛选合宜物种在恰当的位置上。每一种植物都扮演着不同的角色，有随季节变化的季相物种、亦有全年常青类植物。

季节性变化的物种：帮助增加城市的生物多样性，设计的目的是创造一个充满生机的生态立面，并可以反映上海本土的季节性特征。以下被选择的植物展现了其在一年四季变化中绚烂色彩记录不同时刻的美丽。他们包括彩叶杞柳、黄金香柳、鸡爪槭、金焰绣线菊、金叶锦带、蓝叶忍冬、喷雪花、日本红枫、无尽夏绣球、羽毛枫等。

全年常青类物种：精心选择了一系列的适应本土气候特点的全年常青物种（包括灌木和叠级层次），以及搭建了多种多样的绿植混合组合，以创造一个全年健康自然的设计基础。

它们主要包含以下这些物种：彩叶杞柳、黄金香柳、鸡爪槭、金焰绣线菊、金叶锦带、蓝叶忍冬、喷雪花、日本红枫、无尽夏绣球、羽毛枫等。

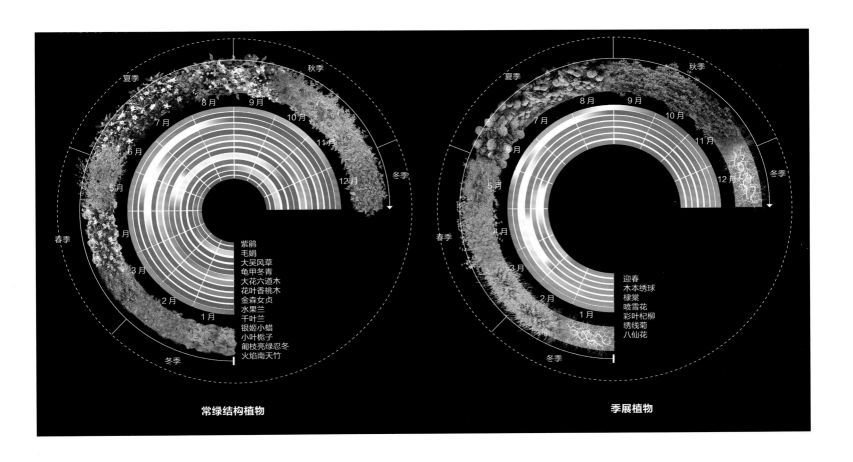

常绿结构植物

紫鹃
毛娟
大吴风草
龟甲冬青
大花六道木
花叶香桃木
金森女贞
水果兰
千叶兰
银姬小蜡
小叶栀子
匍枝亮绿忍冬
火焰南天竹

季展植物

迎春
木本绣球
棣棠
喷雪花
彩叶杞柳
绣线菊
八仙花

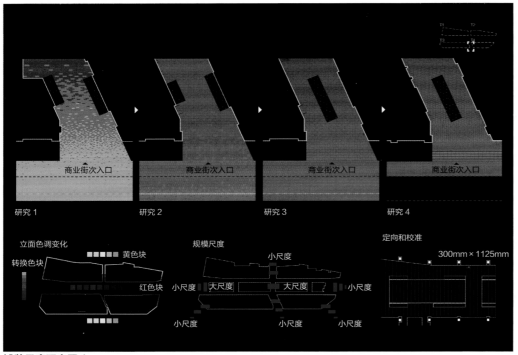

铺装尺度研究图 1

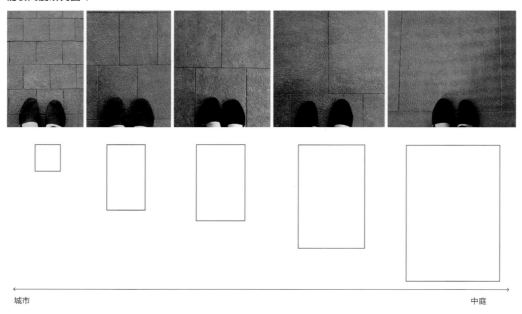

城市　　　　　　　　　　　　　　中庭

铺装尺度研究图 2

叠级层次韵律感的植物品种：设计团队认为模拟自然更替和节奏是十分重要的，种植植物组团的韵律需要伴随叠级层次韵律感的植物品种在立面上以不同尺度灵活体现，从而使得整个设计达到了自然韵律变化的效果，所以整个立面设计与表现使用了叠级层次韵律感的植物品种，并以此成组团，高低错落，多种韵律集合变化的花钵组合表现。体现叠级层次韵律感的植物品种我们选用了常青藤、千叶兰等。

看与被看见

在开业后的一段时间内，The Roof项目迅速成为上海最受关注的经典打卡和拍摄地点之一，在城市中引起了极大的关注，成为了颇具辨识度的城市名片，人们成群结队地到访拍摄，体验绿色生态的沉浸式空间。来自各地的KOL来到这个充满活力和多样性的场所打卡，父母们带着孩子到访，捕捉属于他们的快乐时刻。

红色石材地毯

着眼于整个项目的细节设计，我们研究并设计了一种铺装的模块体系，与立面的风格、色彩协调统一。

由外及里，完成了从城市界面尺度到近人视角尺度的转变，主要通过设计色调和材料单位尺寸的变化来实现这种微妙的起承转合。

我们最终的设计选择采用了红色火成岩，营造从街景中的近人小单元空间到内中庭的大单元空间的过渡与转变。

空中平台

项目中设置了多个空中平台，这些平台提供了亲密的社交空间，给长时间身处城市建筑中的人们提供了沉浸在绿色自然环境中的机会。多样化植物组合创造了一种身临其境的体验，使人置身于丰富的绿色植物中。

模拟与测试

在设计过程中,我们制作了1:1的项目模型进行设计模拟,用于评估建筑和景观交接界面的细节部分和测试设计可行性等。这个实验模拟过程反过来又帮我们进一步细化物种组合,以确保我们的设计实际的落地效果。所有这些努力都创造了一个和谐的环境,在夏季,葱郁的植物达到生长的鼎盛以及最佳状态,可以遮阴并减少西晒,从而缓和室内对空调的需求,且起到净化空气的效果。在冬季,具有季相变化的植物在叶子脱落后,更有助于阳光照射到室内,从而最大限度地利用自然光;土壤和植物体量有助于隔绝部分的冷空气,形成热缓冲。

基地外预栽培,确保种植效果。

为了确保可以掌握种植情况以及保证种植后的生长成功率,我们还设置了编码系统,该系统定义了每个立面、竖向、朝向、层高、花钵位置以及植物的种类。

这样做可以清晰地掌握每个花盆植物的季节性生长情况,这一过程还可减少植物种植失败概率,并保证了从安装的那天起即时的呈现效果。

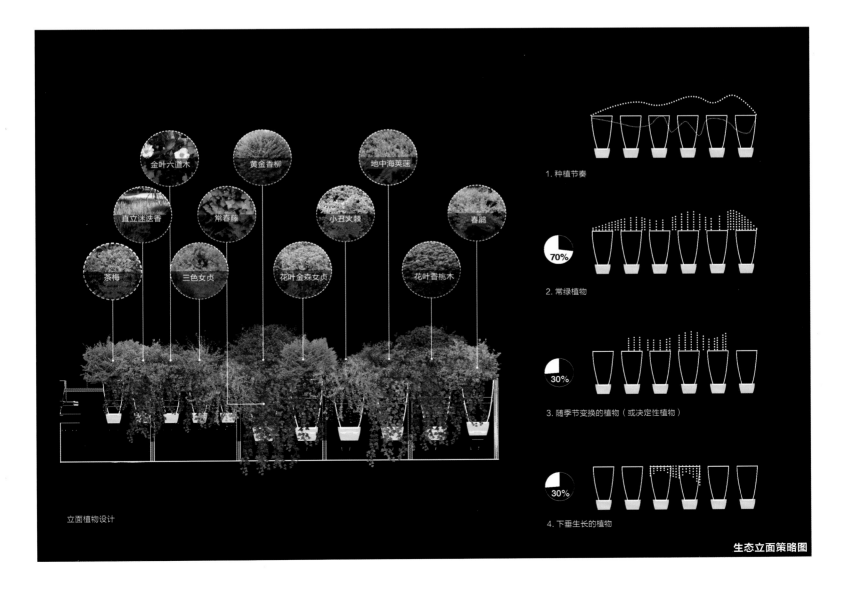

生态立面策略图

项目面积：
全段123000平方米，示范段13000平方米

建成时间：
2020年

摄影：
福田区城市管理和综合执法局许初元

广东·深圳

上步绿廊公园

深圳市城市交通规划设计研究中心股份有限公司 / 景观设计

项目位于深圳福田区上步路，全长约5.4千米，是福田高密度老城区的珍贵绿地。本次设计借地铁恢复契机，充分挖掘周边居民活动需求，突破传统简单覆绿模式，将沿线绿地整体提升为复合的轨道公园带，不仅为市民提供了健康、包容的城市公共空间，更有助于完善福田韧性共融的生态系统。

设计之初，团队进行多次现场踏勘、调研。场地周边500米范围内住宅小区多达13个，中小学校多达9个，人流如潮。调查发现，公园使用者

以老人和小孩为主，且64%是亲子出行，对公园亲子空间和健身锻炼需求较大。目前项目沿线封闭孤立，功能单一的绿地无法满足周边公共生活需求，片区活力不足。

总体设计

设计团队聚焦于居民诉求，以"家门口的公园带"为概念。融入全龄无障碍和儿童友好理念，打开封闭绿地，连接地铁—街道—公园—社区之间的出行路线；利用现状大树集约化布局运动健身等功能区，赋予场地更多的公共空间属

性。希望通过"低碳慢行网络+开放公园界面+运动健康服务"来构建5~10分钟社区生活圈，达到"最后一千米，穿过公园回家"的舒适出行体验；满足居民家门口即可享受亲子游乐与运动健身的愿景；同时提升片区公共服务能力，集聚人气，激发老旧街区活力。

多功能中央大草坪

简·雅各布斯说过"多样性是城市的天性"，设计团队在公园中心布置2500平方米大草坪，无边界开放式场地将激发出更多样的行为

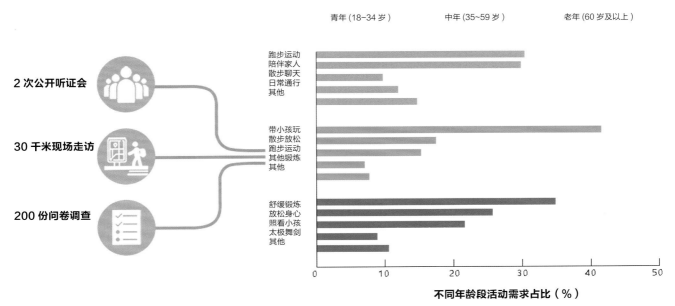

青年 (18~34 岁)   中年 (35~59 岁)   老年 (60 岁及以上)

跑步运动
陪伴家人
散步聊天
日常通行
其他

带小孩玩
散步放松
跑步运动
其他锻炼
其他

舒缓锻炼
放松身心
照看小孩
太极舞剑
其他

2 次公开听证会

30 千米现场走访

200 份问卷调查

不同年龄段活动需求占比（%）

居民活动需求调研图

街道商业景观

住宅

商场

医院

地铁站

公园绿地

共享花园

绿道

城市街道

社区广场

日常通勤

学校

市场

社区生活模式图

活动，草坪的"留白"也给公园留下弹性发展的空间，未来可承接展览、音乐会等；草坪南侧延展出一片半围合风铃木林，结合微地形丰富了公园的季相变化和空间层次，草坪边缘布置廊架提供遮阴避雨空间。

400米环形软塑胶跑道

　　400米软塑胶跑道环绕中央草坪延展至全园，EPDM地垫、大树绿荫为居民提供舒适安全的户外运动环境。

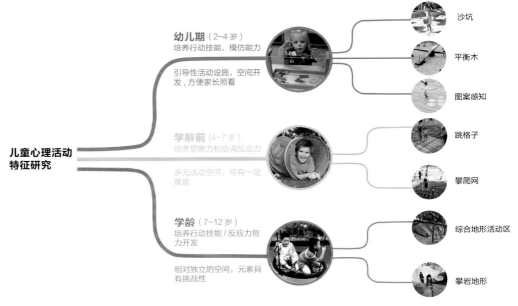

儿童心理活动特征研究

幼儿期（2~4岁）
培养行动技能、模仿能力

引导性活动设施，空间开发，方便家长照看

沙坑

平衡木

图案感知

学龄前（4~7岁）
培养想象力和协调反应力

多元活动空间，可有一定难度

跳格子

攀爬网

学龄（7~12岁）
培养行动技能/反应力智力开发

相对独立的空间，元素具有挑战性

综合地形活动区

攀岩地形

全龄儿童活动特征图

全龄儿童活动区

在靠近社区一侧，利用保留老榕树的树荫空间布置1000平方米的儿童活动区和健身区，建成即可实现"浓荫匝地，清风树影"。设置秋千、跳格子、攀爬球、音乐旋转机等儿童项目，满足0~12岁全龄儿童活动需求。

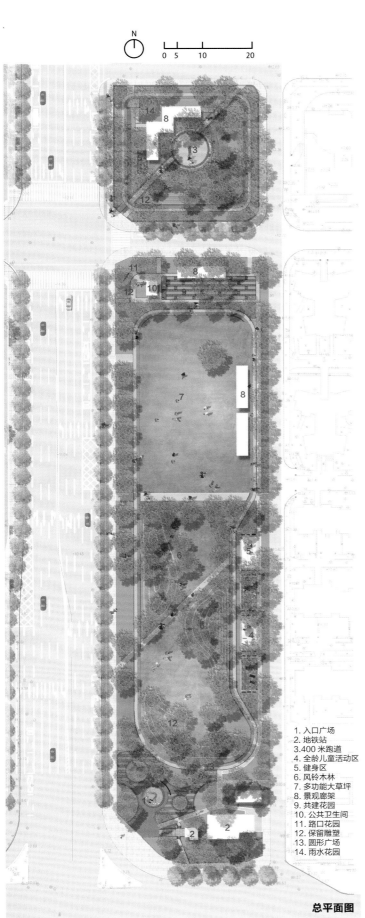

1. 入口广场
2. 地铁站
3. 400米跑道
4. 全龄儿童活动区
5. 健身区
6. 风铃木林
7. 多功能大草坪
8. 景观廊架
9. 共建花园
10. 公共卫生间
11. 路口花园
12. 保留雕塑
13. 圆形广场
14. 雨水花园

总平面图

邻里共建花园

设计将共建共治共享的理念融入社区公园建设中,在北侧保留了一片共建花园,为市民提供了回归自然的邻里交流场所。

入口多功能广场

入口广场集地铁出行、过街等候、林荫遮蔽、人流集散、场所标识等功能为一体,不仅是公园主要的景观展示界面,也是地铁—街道—公园—社区之间的"转换枢纽"。

结语

"眼里有人,心里有社会"是我们设计基点,焕然新生的公园景观重塑了人与环境的关系,将公园生活与城市生活连接在一起。葱郁之下,有人打闹奔跑、有人惬意沉思,一幕幕温情、一张张笑脸,演绎出这座城市最活力动人的生活之美。

项目面积:
约5600平方米

建成时间:
2020年

业主单位:
深圳市福田区城市管理和综合执法局

广东·深圳

深圳福田福安社区公园功能提升

深圳媚道风景园林与城市规划设计院有限公司、湖北城隆市政园林设计研究有限公司深圳分公司 / 景观设计

福安社区公园地处深圳市福田区福华一路和兴融五路交会处的金融中心区,场地周边被总部大厦围绕,南侧紧邻商业区,面积约为5600平方米,属于市金融商务核心区的社区公园,也是福田区市政空间改造提升的重要节点。场地现状设施陈旧,只有一条穿行园路,其他空间是市政绿化建设余下的一批苗木所形成的郁闭树丛,市民无法进入享用其绿地资源。

从现场的访问调查中,可以看出该地域人群对这个地处CBD中心的公园主之主要诉求为短时休憩、午间便餐、场地穿越、商务会面、交流洽谈,以及户外小型聚会。归纳起来就是这里需要一个内部空间自由,适应多样化使用的开放型绿地空间。本项目的规划设计上,在满足这些基本功能的同时更着重地打造了以对应上班族为主流服务人群的所需设施群。比如形成可作瑜伽等健身活动的廊下空间,可穿越和休息功能并用的连续型广场,以对应户外的洽谈会友,冥想静坐的安静角落等,把一个旧型郁闭绿地提升为一个可对应时代的,有利于可持续性发展的新型社区公园。

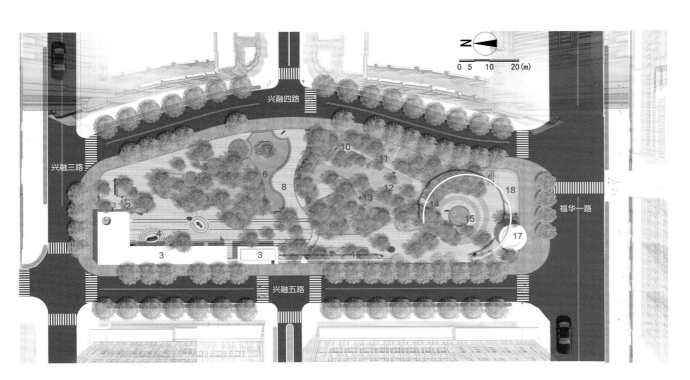

1. 北入口
2. 时间水台
3. 静思廊架
4. 印象山水广场
5. C形坐凳
6. 水景
7. 特色树
8. 特色树广场
9. 记忆小径
10. 休息亭
11. 长椅
12. 草坪步石（圆形）
13. 休息木平台
14. 弧形飘带
15. 圆融广场
16. 线形飘带
17. 幸福驿站
18. 南入口

总平面图

设计理念

在集约化高楼林立的商务中心地带中营造一个新型的城中绿洲,打造社区的户外客厅。为在高密度设施中进行强脑力劳动的人群提供片刻安宁和自然体验。同时在设计文化意境上集中打造了"圆融"主题,寓意无论是人与人之间、商务洽谈之间都能在这里得到融洽圆满。

基本策略

继承场地原有的景观DNA。延续使用原有的主体林木和旧物。结合防灾避险要求在园中设置不同规模的广场空间,形成大众型空间和私密型空间的共存,满足社区的多样化访客的诉求。在局部打造精神家园式的空间,为紧张工作的人群提供片刻的宁静,以得到在公园内的身心放松和精神冥想。

主要手法及创新点

确立了多广场型绿地：开辟大小不同而风格各异而又彼此连接的小广场，使绿地的防灾避险功能人流收容力得到大幅度提高，又刻意地通过广场模糊公园与道路的边界，强化了公园与街区空间的一体化，以公园城市的理念促成了园和街区的相互交融。确保以人为本的尺度空间：为消弱周围高层楼宇对人产生的压迫感，设计上采用营造水平型廊架和附属设施贯穿公园，以这类设施的宜人的尺度把人群的注视点聚焦在适于人的高度范围，形成以人为本的视觉效果。寓意于情景：商务的可持续性在于对基本规矩的坚守和交易处理上的圆融。这有"矩"有"圆"的两大要素也是我国文化中经常出现的暗喻。福安公园的基本景观肌理正是紧扣"矩"和"圆"，它贯穿南北方向的整齐线条和浮于其上的圆形造型要素，在多个广场的铺装面交错展开，形成了基本寓意形象。

这个公园提供了不同人数可使用的不同规模的空间

空间规模

项目面积：
3000平方米
建成时间：
2021年

设计团队：
王中、崔冬晖、李震、熊时涛、武定宇、邵
旭光、孙博、王冲、崔超轶、孙玮婷、赵云
轩、任锦晗、王维东、金子涵

摄影：
孙超

中国，北京

交融之地——石景山区老山街道老山东里北社区公共空间

中央美术学院城市学院 / 景观设计

石景山区老山街道老山东里北社区公共空间设计主要是针对特定的地区做的空间提升，项目地位于北京市石景山区老山街道老山东里老山住宅区北部，老山社区是紧邻西长安街绿轴，坐拥东部城市公园群的绿色生态小区，且社区主要人员为首钢集团职工，以老人、儿童为主。

此次项目最终的服务定位人群面向的是首钢退休老职工与儿童，最终的目标希望打造一个既能促进老人与儿童交流互动又能满足其各得其所的一个公共乐园。设计以首钢文化为主题，同时满足社区文化及儿童活动空间为主的综合性复合社区活动空间。设计方案采取炼钢中有代表性的八个过程：出渣、造渣、熔池搅拌、脱磷、电炉低吹、熔化期、氧化期、精炼期，对其进行联想和解读。最终想要以对炼钢过程中的感受，产生同种的听觉、触觉、嗅觉、视觉等感官上产生共鸣。空间以红色为主要色彩，以流动的曲线作为设计元素，摆脱传统景观设计理念，结合首钢文化将六个不同空间的功能复合在一起，满足老人和儿童的交流及教育功能的同时，为人们提供一个艺术的文化体验空间。

功能区分布图

| 沙坑娱乐区 （出渣造渣） | 软装娱乐区 （熔池搅拌） | 攀爬娱乐区 （脱磷期） | 转牌休息区 （电炉低吹） | 开放休息区 （熔化期） | 滑梯娱乐区 （精炼期） |

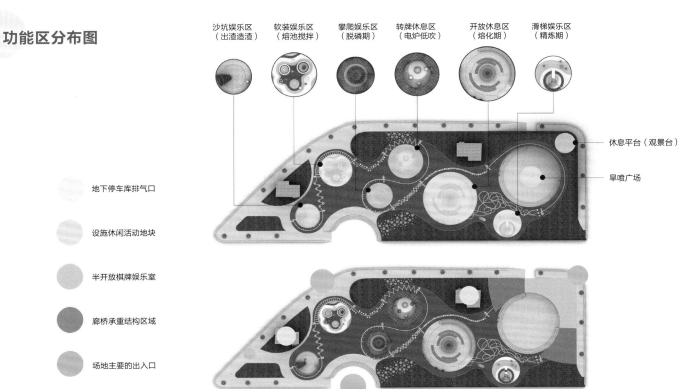

休息平台（观景台）

旱喷广场

地下停车库排气口

设施休闲活动地块

半开放棋牌娱乐室

廊桥承重结构区域

场地主要的出入口

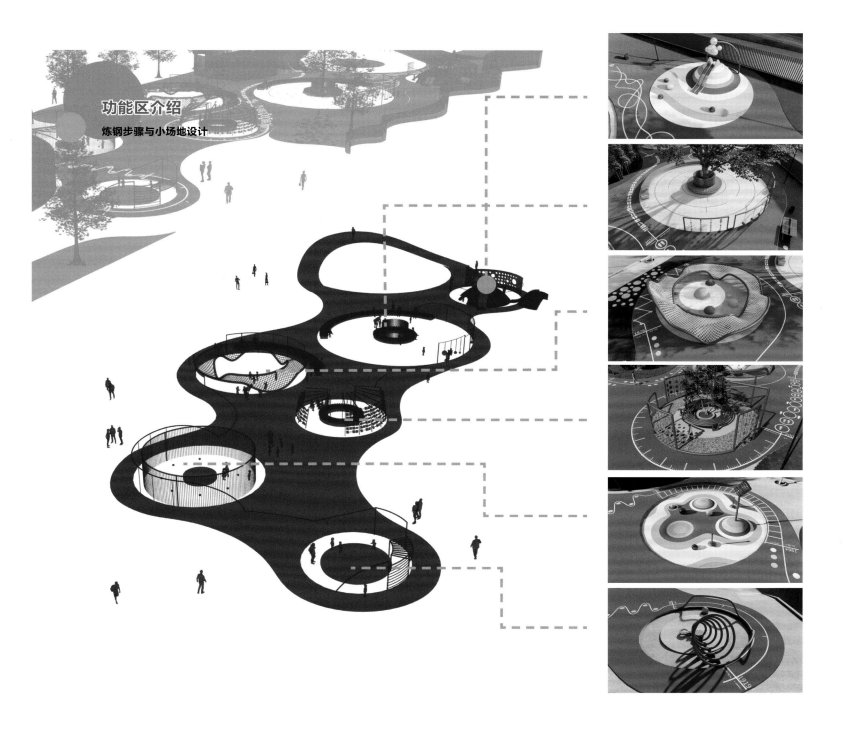

功能区介绍
炼钢步骤与小场地设计

—儿童滑梯娱乐场地（精炼期）：该步骤是炼钢过程中通过造渣和其他方法把对钢的质量有害的一些元素和化合物，经化学反应选入气相或排、浮入渣中，使之从钢液中排出的工艺操作期间。我们运动了滑梯与小的沙丘起伏来营造了排放的一个感受。并在该项目的旁边为儿童设置了可以放书包文具的孔洞形置物架。

—整体休闲场地（熔化期）：电弧炉炼钢从通电开始到炉钢花伴料全部熔清为止、平炉炼钢从兑完铁水到炉料全部化完为止称之为融化期。在该场地中我们将目光放到了微观世界，主要功能设定为休息闲聊空间，设想每一个来到该场地人都是融化期中的每一个微小的粒子，他们在一起交流便是粒子与粒子间产生的微妙的化学反应。

—攀爬娱乐场地（脱磷期）：该不步骤是减少钢液中含磷量的化学反应。我们在该项目的设计中采取了草地与攀爬的网来体现过滤这一含义。草地可以对玩耍中的儿童进行相应的保护作用，并且我们该场地的旁边设有了能够满足家长陪伴时可以休息的座椅。

—互动木板场地（电炉低吹）：通过置于炉底的喷嘴将 N_2、Ar、CO_2、CO、CH_4、O_2 等气体根据工艺要求吹入炉内熔池以达到加速融化，促进冶金反应过程的目的，我们采取了自然风与横向的小木板进行了该步骤的体现。通过感官的相同性来寻找他们之间的联系。在旋转的小木板上会进行该步骤的一些化学元素的标示，来达到儿童在玩耍中学习首钢知识的目的。

—喷泉娱乐场地（熔池搅拌）：该步骤是向金属熔池供应能量，使金属液与熔渣产生运动，以改善冶金反应的动力学条件。我们选择了儿童最喜欢的项目之一——"水"对第二个小的场地进行了设计。整个设计中我们采用了汗喷和地表喷泉的结合来体现熔池搅拌这一步骤。

—沙坑娱乐场地（出渣造渣）：造渣是为了调整钢铁之后熔渣的成分，碱度和黏度及其反应能力的操作。出渣是电弧炉炼钢时根据不同冶炼条件和目的在冶炼过程中所采取的放渣或扒渣的过程。将两者融合在一起形成第一个活动项目，通过触觉和视觉上的相同处，我们选择了儿童最喜欢的项目之一——"沙坑"来表现该项目。

铺装细部图

将首钢集团发展的"大事记"通过艺术的方式与地铺功能图案结合，展现首钢文化

铺装设计图

伴随着串联六个场地的流线，在场地周边设置了可以帮助儿童更加丰富有趣学习首钢知识的飞行棋游戏（跳房子、学步）项目，同时作为场地慢走的隐藏引导线索贯穿场地各功能区

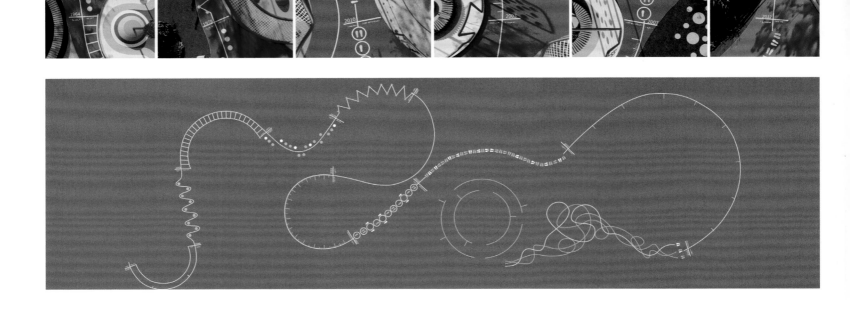

项目面积：
278500平方米
业主单位：
天安集团
建成时间：
2020年
建筑及总体设计：
Heatherwick Studio

滨河公园及一、二楼平台花园设计：
上海北斗星景观设计院有限公司
景观施工：
上海北斗星景观设计工程有限公司
设计团队：
虞金龙、余辉、许丹婷、陈逸斐、邢春红、
吴筱怡、李庆开、朱琳、高辰靓、陆海生、
高小骏、刘克勤、张瑞鹏、沈爱民、黎寅秋

施工团队：
虞金龙、曹瑜刚、徐爱军、张雳夔、万祯颐、陈勇
摄影、文字：
虞金龙、周凯丰、周龙斌

中国，上海

天安千树滨河花园及一二楼平台花园

上海北斗星景观设计工程有限公司 / 景观设计

设计团队试图打造一个活力、怡人、休闲、生态的都市滨水空间，使建筑、景观、人文、自然完美地结合，呈现全新地标。

项目位于上海普陀区苏州河畔，位于上海面粉厂旧址。千树滨河花园、平台花境园景观设计和空中树坛改造，这是一次从文学与历史开始的设计，这也是一次人与自然在当下和谐的设计，我们希望用行走滨河、行走花园来解读苏州河畔的花园。千树（天安半岛）的上海面粉厂历史建筑与全新的千树森林建筑融合在一起，必将焕发出新的生机与活力，将成为上海的一处时尚的地标。从滨河到空中森林的故事，生命本身就是轮回，不管你的工作生活都可能与森林有关联，千树的生命轮回来达到街区的一种活力再现。

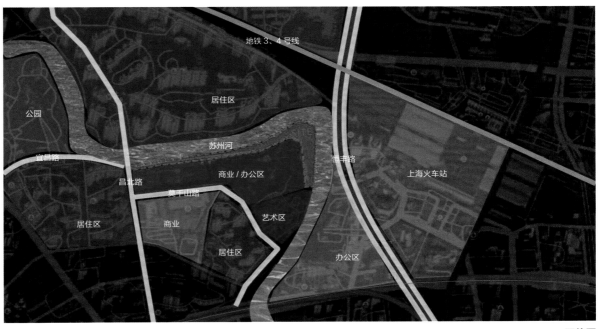

地铁3、4号线

公园

居住区

苏州河

宜昌路

昌北路

商业 / 办公区

恒丰路

上海火车站

莫干山路

居住区

商业

艺术区

居住区

办公区

区位图

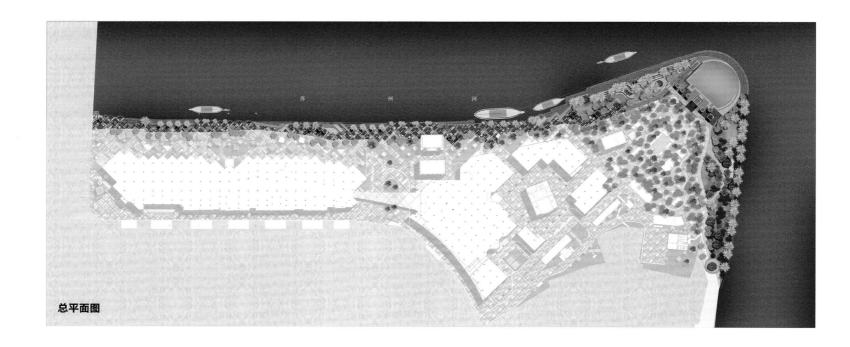

总平面图

项目面积:
278500平方米
业主单位:
天安中国投资有限公司
主创设计师:
朱育帆
设计团队:
姚玉君、马珂、邱柏玮、张博雅、刘赟硕、
张宁、曹天昊、杨宇欣、刘思、程飘、贾明睿

景观施工图设计:
上海栖地景观规划设计有限公司
建筑设计:
北欧建筑事务所
建筑施工图设计:
上海对外建设建筑设计有限公司
景观照明设计:
上海PINKO品光照明设计顾问
标识设计:
Linksworkz Design Studio

工程施工:
中天建设集团有限公司
景观施工:
杭州天勤景观工程有限公司
雕塑施工:
上海灏烁环境艺术有限公司
GRC施工:
南京倍立达新材料系统工程股份有限公司
摄影:
景观周、三映景观建筑摄影邱日培

江西·南昌

华侨城·万科世纪水岸鸟屿浮云

朱育帆工作室 / 景观设计

　　来自挪威的北欧建筑事务所（NORDIC OFFICE ARCHITECTURE）为项目提出了一个抽象的总体概念——南昌律动，一座象征天空的螺旋塔和一个代表地的底座建筑，一切都与律动有关。面对天外飞仙似的舶，景观设计的目标便是在与之协动的前卫外表下文化内涵的软着陆和回归本土，南宋马远的《十二水图》中所传达出对水的形态细腻的观察方式给予我们

启示，于是便有了这个项目中与水体验关联的景观序列和体系的转置。

——朱育帆

相地

　　项目位于南昌市青云谱区象湖公园之滨，占地2.07公顷，是南昌首个沉浸式交互空间及

全新网红打卡地。主体建筑景观塔高约33米，以外部支撑的双螺旋楼梯与顶层360度观景平台构成，创造了一座宛若悬浮的"空中塔"，建筑内部涵盖售楼中心、餐饮、文创、服务等多功能业态。作为城市公共系统核心空间，项目邻近地铁站，是城市人群高度聚集活动区的区域，将进一步通过景观设计激发城市活力，打造南昌城市新地标。

总平面图

立意

　　水与南昌存在着千丝万缕的联系，景观设计由清华大学建筑学院朱育帆教授担任，融入南昌亘古水文化及项目周边象湖景区资源，饮水而筑，以象而名，构筑"水之万象"。以马远《十二水图》成画，建构水之十二表情。每个景观节点承载不同年龄人群的功能需求，带来令人难忘的、充满趣味的空间体验。景观设计注重人文精神与生态自然，呈现可持续发展理念，同时作为建筑功能的延伸与拓展，搭建并组织场地交融及游览路线，也将成为塑造场地独特性与标志性的关键作用。

天一塔

地一建筑

水一总平面图

概念图

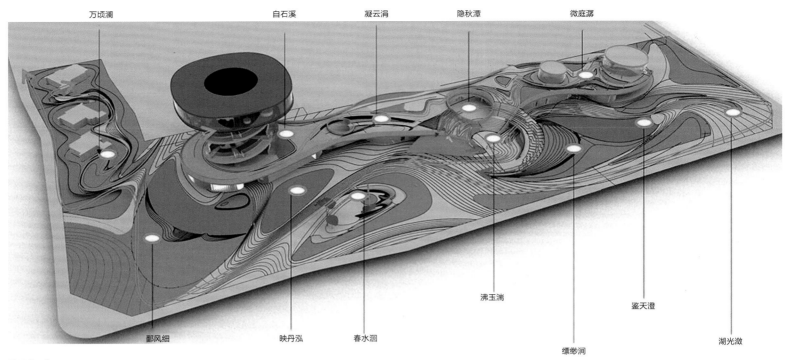

万顷澜　　自石溪　　凝云涓　　隐秋潭　　微庭潺

鄱风细　　映丹泓　　春水洄　　沸玉湍　　缥缈涧　　鉴天澄　　湖光潋

位置标注图

©tongmovie (由江西万科提供)

象

　　有象，则大小远近粗细，千蹊万径之理咸寓乎其中，方可弥纶天地；无象，则所言者止一理而已，何以弥论？故象犹镜也，有镜则万物毕照，若舍其境，是无镜而所照矣。

　　——《周易集注》，著名易学家来之恩

水

　　因水而筑，以象而名，以马远《十二水图》成画，建构水之十二表情：湖光潋、鉴天澄、缥缈涧、沸玉湍、春水洄、映丹泓、鄱风细、万顷澜、自石溪、凝云涓、隐秋潭、微庭潺。

施工工艺难点

为防止泛碱，所有池底石材均采用万能支撑器架空。地面控制器与音乐跳泉联动，丰富有趣的互动场景。艺术地形堆坡比较困难，我们采用了土工格室的护坡方式。每一层的耐候钢板高度由中间的宽过渡到边缘的窄，高度在变化。缥缈涧大台阶造型变化多，需要每一段的石材都按规格定制、弧线切割，在现场经过放样后才能精确施工。整个沸玉湍水景及草坡布置在建筑顶板斜坡之上，通过与建筑结构专业的紧密合作，严密计算结构荷载、标高，复核避免结构冲突。台阶草坡不锈钢板，在平面和立面上均为不规格弧线，通过现场放样，和周边的土壤、水系等标高复核，精准呈现满意的效果。水景从上至下沿河道缓缓流下，整个水系的坡度经过计算放坡，精密的计算使水景做到不急不缓。石桥体为异形整石花岗岩，桥顶高差0.3米，为了在形式上和体验上有更真实的体验，桥体采用悬浮倒角处理，使桥体感官更加飘逸。映丹泓、鄱风细两处水景异曲同

工，均有消防车道及消防回车场地贯穿，水景蓄水深度设计为0~75毫米，因水景面积较大，场地坡向较为复杂，为兼顾蓄水和排水，于水景最深处设计了蓄水沟，鄱风细节点无消防需求处采用万能支撑器架空，满足蓄水及排水需求。水景池壁与地面同标高，为防止路面水对水体造成污染，水池壁与地面铺装之间均设计线性排水沟，为了保证线条的流畅，排水沟金属边均异形加工。鄱风细水景与大型雕塑体相接，雕塑体既有种植空间，又有水景效果，水景跌水流至大水面，对于雕塑与水池之间的交接关系有很大考验。周边一圈挡墙采用玻璃钢做法，且高度随场地及周边突然堆坡变化，需要玻璃钢厂商定制高度及造型。不锈钢儿童滑梯与整个场地弹性地垫契合，造型曲线多变，需要厂商通过放样定制。空间中的荷叶雕塑包含水景和秋千，需要灯光、雕塑、水景等多个专业厂商或专业互相紧密配合，一同实施。

铺装施工工艺难点

项目铺装整体统一，在铺装细节上选用了3种规格的金属点形成优美而流畅的曲线，其中直径40毫米的金属点3369个，直径50毫米的金属点2784个，直径60毫米的金属点3392个，现场标段先行，根据标段效果调整装饰金属点细节尺寸。

项目感悟

　　一个月的时间，方案的调整与施工图的深化同步进行，时间紧，任务重。为了项目更好的落地，我们景观后期团队与前期方案团队深入沟通，紧密配合，需要景观专业同建筑、灯光照明、雕塑、标识、专业水景等专业单位的协调配合。施工工艺复杂且要求极高，尤其是沸玉湍、映丹泓、鄱风细这几个节点，最终呈现出完美的项目落地效果，要感谢多个专业密切的合作。

项目面积：
31948平方米
业主单位：
融创集团
建成时间：
2020年

主创设计师：
萧泽厚
方案设计：
周钶涵、杨瑞鹏、盛赛峰、范玉娟、任雪雪、程刚
后期设计总监：
林小珊
扩初及施工图设计：
夏陈成、李青、郁美、李敏

核心团队：
融创重庆地产景观团队
施工单位：
重庆共创园林工程有限公司
摄影：
日野摄影

中国·重庆

融创精彩汇

荷于景观设计咨询（上海）有限公司 / 景观设计

项目处于重庆目前具有巨大发展潜力的区域——西部新城九龙坡区，西部新城与两江新区、江南新城并列为重庆经济发展的三驾马车。是距重庆主城最近、面积最大、基础条件最好的都市拓展区域，也是重庆主城西进的主要载体。项目所处的华岩板块位于九龙坡区的核心板块，承接九龙坡东、西区域的"桥头堡"。

设计团队通过合宜的景观尺度，区域的邻里中心，高品质的绿色花园，多层次的景观体验，构建幸福生活场景，打造沉浸式乐活商业社区。设计团队希望能颠覆传统的商业形态，让这里更像是一个公园，而不是一个单纯为购物逛街的商业体。设计团队将鲸鱼的主题植入，打造重庆地标式网红打卡IP式主题商业——融创精彩汇。

设计团队着重设计了六个主题性功能空间，分别为鲸奇剧场、海洋之森儿童广场，鲸彩广场、珍珠喷泉花园、水母秋千、商业外街界面。

鲸奇剧场，作为一个焦点式的中心活动舞台，我们设计了威尔鲸鱼雕塑结合水景和特色铺装，激活整个商业空间。

海洋之森儿童广场分为三个板块，分别为章鱼秋千游戏圈、旱喷圈光广场、鲸鱼游戏圈广场。旱喷圈光广场， 设计团队加入了与人能互动的光电圈喷泉设备，增加了人的参与性。章鱼秋千游戏圈， 设计团队将设计深化完成后，交给了雕塑厂家进行了二次深化，他们根据实

通过完整统一的趣味主题空间

打造专属购物游玩体验策略 激发商业活力，带动消费
营造趣味感购物空间
为社区提供集中共享绿地
打造专属场地记忆

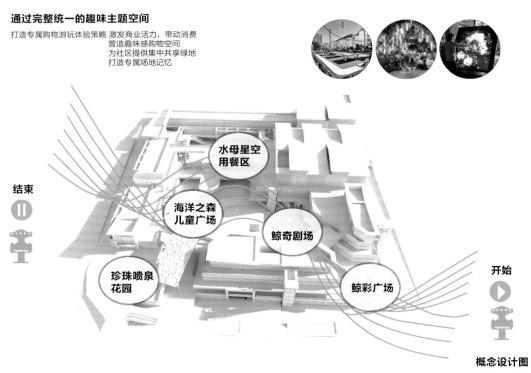

水母星空
用餐区

海洋之森
儿童广场

鲸奇剧场

珍珠喷泉
花园

鲸彩广场

结束

开始

概念设计图

际效果反复推敲、改进,很好地将我们的构思落地呈现给大家。

鲸彩广场,作为商业入口的主广场,是主要的昭示性广场,但整体的场地尺度不够大,如何引导人流进入商场,凸显其主要的昭示性?通过特色的广场铺装和强IP式的鲸鱼水景阶梯,加

上后期营销的精神堡垒,达到了很好的效果。

珍珠喷泉花园,作为商业广场的迎宾购物次入口,该场地承担着人气聚集、人流引导、趣味互动等功能。设计团队设置了互动式珍珠喷泉、项目logo标识、IP等设施,营造出入口休闲花园的氛围。

水母秋千,作为童趣空间的商业外摆区,我们通过特色铺装游戏带,主题式水母、座椅、可移动式和吊挂式的游乐设施打造出聚集人气的特色空间。

商业外街界面,作为沿街展示界面,通过层级台阶、特色铺装、商业外面,活化沿街展示面。

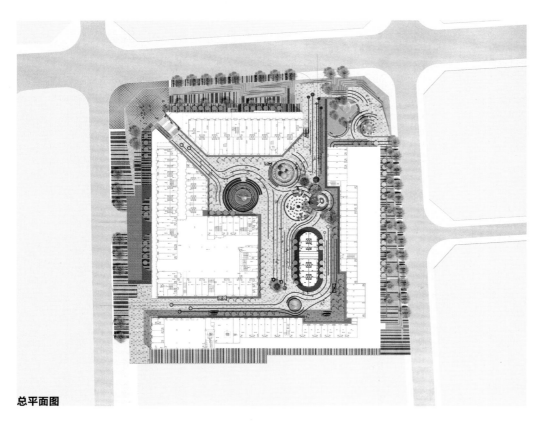

总平面图

项目面积:	建成时间:	摄影:
2400平方米	2021年	三棱镜

中国·重庆

万州吉祥街城市更新

WTD纬图设计 / 景观设计

背景概况

万州作为典型的山地城市，其老城区存在很多地势拉得很窄、界面破败的老街巷，它们正变得死寂沉闷，居民也逐渐流失。

现状分析

吉祥街是从万州港至万达广场进入万州母城的空间，向前连接万达金街，背后是一片老旧的居住区。项目的中心场地是附属于老旧社区的边缘空间，两端通过窄长的甬道与万达广场连接，被围合成一个三角形区域。场地景观风貌差，存在高差复杂、居住界面混乱等问题。

设计策略

如何为这个空间作出提升和改善？设计在保留场地基底的同时，对项目进行多维度的文化叠加，引进更多鲜活力量，从根本上活络老街。

整合升级社区空间

设计保留大量基底，重新解读场地原有结构，围绕黄葛树打造月光剧场，以吧台和坐凳的形式打造室外书吧等。既满足生活需求，也提高了空间利用率。

更新和复苏活力业态

合理的商业运营会让空间变得活灵活现。项目以点状的商业业态代替片状的底商模式，对部分临街建筑进行改造重建，引入年轻群体，带动老街氛围。

N
0 5 10 20 40m

1. 巷馆——多功能艺术跨界空间
2. 时光博物馆
3. 城市书屋
4. 览书一隅
5. 大树咖啡吧
6. 早餐万州
7. 深夜食堂
8.TG 刺绣坊
9. 剃头匠
10. 小卖部
11. 万巷集市
12. 月光剧场
13. 月光广场
14. 月影 Bar
15. 月影墙
16. 万巷记忆
17. 停车场

总平面图

多维度文化记忆的叠加

设计团队通过景观手法将万州港的记忆载体演变成景观墙体等装置。入口拱门以轻盈的形式凝集居民。半包裹的手法推动形成U形甬道空间，两侧镂空景墙反射老城风貌。月影墙上的画面则唤起人们的乡愁。

以景观为主导的巷道界面更新

设计从空间和界面上提升场地形象。设计团队拆除了临街老旧危房，以同面积同位置进行恢复，改建成小体量建筑，通过对建筑的切角形成咖啡吧。

设计尊重现有巷道肌理与风貌，实现传统与新兴业态的共生。通过"点式"街巷的改造，促进城市的有机更新。

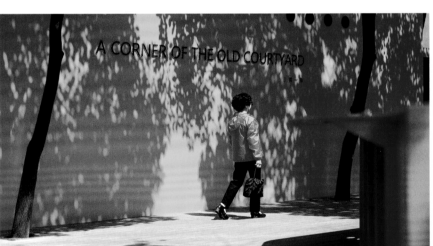

A CORNER OF THE OLD COURTYARD

项目面积：
4500平方米

业主单位：
海岸集团

建成时间：
2020 年

广东·深圳

万丰海岸城·海岸公园

深圳市万漪环境艺术设计有限公司 /
景观设计

不离繁华而获山林之怡，
大隐于市而有林泉之致。

设计风格以追求现代、轻盈、生态的简约主
义风格为主，充分了解并顺应场地的文脉、肌理、
特性，尽量减少对场地的人为干扰。

通过打造开放活跃的城市社区空间，绿色休
闲新社区把开放的商业空间，开放的景观空间，
开放的市政空间串联在一起。

在注重生态可持续性设计的同时，创造了
互动、认知、交流的公共活动空间，同时也激活
了社区的商业氛围。从都市更新和公共空间创
建的角度出发，打造更具开放性、包容性、公共
性和聚落特质的交流公园，整合公共与共享参
与空间、慢活社区、地域场所感等因素。营造现
代而可持续发展的环境，以吸引居民社区、游
客和商业发展等。

以"为人而设计，解决已有或将出现的问题"
为出发点，利用水体、植物与各种景观节点使环
境与项目设计相辅相成，并使景观与建筑达到
琴瑟相和的宜居状态。

是城市中最易识别和记忆的空间，更应是
城市生活和城市文化的物质载体，是城市的活
力和魅力所在。

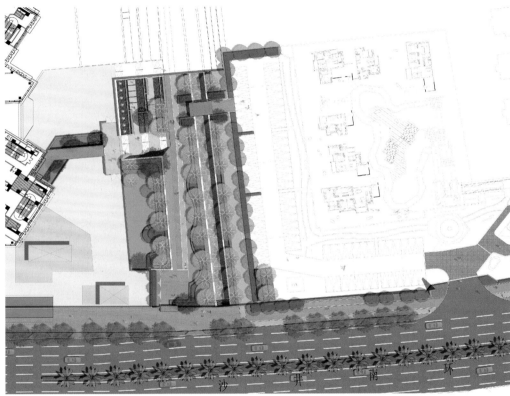

总平面图

人文景观——

项目面积：
12912.2 平方米
业主单位：
广州景泽置业有限公司
景观施工：
广州市雅玥园林工程有限公司

景观施工管理团队：
梁义彬、李明昊、颜泽盛、易风、罗星晨、
梁挺、李景亮、彭桂才
建筑设计：
英国AEDAS
室内设计：
香港SLD梁志天、英国HWCD

文案撰写：
景观周
摄影：
景观周、任意

广东·广州

建华白云之窗

美国SWA / 景观设计

见岭南：承载记忆与时间的场所

　　每座城市，都承载着都市人的独特情感与精神印记。在广州建华中心，我们营建舞台，雕琢活力，叙写生活的无限可能，创造当下最不凡的记忆。

　　瞰云山、望珠水的宁静与自然，地处广州白云新城CBD的摩登与繁荣，最新崛起的城市商业综合体广州建华中心，因其优越的项目属性与场地特性，吸引全球顶级建筑设计事务所和景观设计公司Aedas、美国SWA担纲其建筑

与景观设计，并由雅玥园林公司负责景观施工，以白云山为灵感，融入珠江意境，打造湾区下别具一格的全新城市地标。

　　立体魔幻的峡谷肌理，晶莹层叠的瀑布川流，执行设计概念的落地，是挑战亦是动力。我们溯源自然与人文的昭示，注入艺术与工艺的表现，营造场地的独特魅力。

越涧谷：聆听一场涤荡回响

　　好的设计是低调而谦逊的，选取富有魅力

的自然肌理与高级黑色调，包裹形成空间的诗性，弧形简约的装置艺术拂过场地，展现内有乾坤的奇幻美感。

　　此处是项目营建难点之一，要落成峡谷水流的复杂结构，并在中部嵌入巨大的数字屏幕，对材质、工艺都有较高要求。基于此，雅玥园林公司项目团队当机立断地采取创新工艺技术打磨场景形态，注入层次明朗而律动的曲线，创造出清新涧谷下的生机秘境。

围合下沉空间的壮丽山涧，施工采用体量巨大的数控机床切割整石，展现了如雕塑般受自然侵蚀的岩层质感，雕塑挡墙中是一系列大型空腔，外部形成层级叠落的瀑布。

遍布空间的未来感几何线条，令景观与建筑更为柔美悦人，呈现出自然意象的艺术感与科幻感。在静伫的凝望中，获取丰富的感官体验，感知蕴涵着的无声能量。

整个场地除地面铺装外的3000多块石块都为特殊形状，全部通过最新工艺技术CNC（数控雕刻工艺），将每块单独制作的3D模型进行优化后通过设备进行雕琢、编号、试拼，重复实操繁杂且高难度的施工步骤，不断擢升项目品质。

入水云：触碰城市莹亮光辉

景观的价值，更在于创造凝结的精神与文化。正大恢宏的空间形态，在另一个层面上，向

人诉说着关于生活的趣味与想象。

潺潺流水从中部像素化的墙面和台阶流下，形成一道通往庭院的蜿蜒互动水景，为场地中的所有活动提供了一座氛围浓厚的艺术舞台，形成人与城市的媒介，联动关于自然的活力与联想。

莹亮的光彩展现了城市摩登时尚的另一面，凡在日间穿梭的形色声势，均在夜幕垂落时，转

变成为优雅多变的悦动感。

应对线条优美的水景构造，需要考虑的除了外部视觉美感，还需重视防渗漏、返碱措施及优化饰面工艺等因素。通过3D模型的精准定位与雕刻，结合人工的精细打磨与拼接，全程严格执行专项把控，将施工带来的挑战迎刃而解。

敞林荫：探索景观引力新旅程

读懂一块待建的土地，是一种"顿悟"般的体验。景观着力于打造一个独具特色的商业综合体，以流畅有机的线条与极具现代感的建筑形成鲜明对比，同时喻示着与岭南文脉的动态关系。

暮色下律动的线条渲染空间的灵动与活跃，营造空间变化同时划分出人行走流线的有序通道，叙写与城市、建筑对话的抒情空间。

以预制混凝土打造流水形态的林荫石阶及户外家具，蔓延整个广场并和谐模糊场地边界，间接贯通空间的流动性，让人们不经意地融入自然的诗意以及恰到好处的艺术生活氛围。

简约凝练的公寓前广场，运用立体律动的水面营造动感，打破空间的狭长与沉闷，呈现超脱于物质形态的自然寓意与空间张力。

两座高低相逢的精神堡垒，将云山珠水的形态抽象化，一南一北构成场地的标识。团队经由悉心探究其设计构成，在材质、结构及造型上投入了大量心思，最终落成与城市产生精神对话，继续承载人们的情怀与记忆的文化雕塑。

舞台已准备就绪，接下来便等待未知的人与事件，形成场地活力的触发器，让时间的共同参与，记录这里的生活痕迹与美好记忆。

遇期待：营建魅力城市印记

　　从结构二次深化、水电规划到石材选用及加工、工艺推敲，雅玥园林公司项目团队投注了大量时间与精力进行调整、打样与检测。过程中还面临过施工周期压缩、施工工序繁杂、施工场地狭长、交叉施工影响大、材料转运困难等状况，但最终通过积极有效的团队沟通配合，及时解决问题，有效推进项目的高品质高速落地。

　　建华白云之窗作为湾区下最新城市封面，匹配优质资源与高阶体验，既落成作为示范区的空间营建暂且意犹未尽，团队将继续开拓场地中的液滴雕塑、波纹景墙等更富挑战性的景观节点。关注艺术与自然，在不断向上的创新与突破中，推动项目旨在成为先进全球总部平台的发展愿景，契合超甲级写字楼、公寓等核心建筑创造生机景观体验，实现生活与工作的无缝融合。

　　面向城市交织的辉煌与自然，在这里放松身心展现生活激情，创造属于未来的城市印记。

对话

Q： 在建华白云之窗的施工过程中，遇到最大的困难是什么？如何解决？

A： 在项目前期投标阶段，我们就召开了详细的项目策划分析会进行风险评估，并制定了相应的措施。在我们看来，最大的难题是如何将如此震撼的概念设计方案百分百还原落地。为此，我们在施工前进行了5次专题会议，保证项目管理人员与施工人员深入理解设计理念的前提下，以追求高品质的共同目标，通过专业工艺技术及执

行管理手段共同实现设计方案的圆满落地。为贯彻执行设计理念，现场工程师整合相关工作系统与绵密的工作计划，展开有效率的管理作业。我们拥有专业的施工团队，并安排经验丰富的设计师进行现场深化与施工指导，实现施工设计一体化，成本采购驻点项目，为项目提供全过程跟踪服务，从而确保设计意图完美落地。

Q：在技术创新、品质保证角度上，建华白云之窗是如何践行的？

A：我们本着"树品牌，立标杆，勇创新"的施工理念，逐个明确主体，落实责任，实行重点项目例会制，重点项目督查制，确保大力度、高效率、高品质推进项目进度。以现场弧形景墙施工为例，在前期选材阶段，由于石材的特殊性，我们由专人采购，进行市场调研，为项目提供充足的优质矿源。然后运用BIM（建筑信息模型）软件将CAD图转化为三维模拟模型，BIM模型不仅能绘制常规的建筑设计图纸及构件加工的图纸，还能通过对建筑物进行可视化展示、协调、

模拟、优化，并出具各专业图纸及深化图纸，使
工程表达更加详细。其次是石材加工的复杂问
题，我们运用CNC切割中的激光切割方式，选
用激光切割方式优势，切割品质：倾角优秀，受
热影响的区域小。基本无熔渣在最窄弯度条件
下可达到良好至优秀的精细切割效果。割炬可
快速脱开的同时，提高了生产效率。最后选用区
别于传统的干挂方式——背栓式石材干挂，每块
石板材可独立安装、独立更换，作为独立单元受
力，能排除硬性接触带来荷载反应，具有更好的
安全性能及抗风压、抗震动和降低热胀冷缩效
应等性能，使用寿命更高。节点做法灵活，使用
过程中，维修更换方便。

项目面积：
7800平方米
业主单位：
绿地香港控股有限公司
建成时间：
2020年

施工单位：
上海加缘园林绿化工程有限公司
建筑设计：
上海霍普建筑设计事务所股份有限公司

室内设计：
G-ART 集艾设计
摄影：
鲁冰

江苏 · 扬州

绿地香港 · 也今东南

GVL怡境国际设计集团 / 景观设计

　　当代中国，正处于大规模、高速度的城镇化进程。而旧区改造是城市化和经济发展的必然产物，它对完善城市功能、提升城市形象和提高市民生活质量具有诸多好处。

　　但是，城市更新、旧改项目面临着各种难点和问题，政府需要一个和谐、生态的城市环境，居民、客户希望在旧城区中找到过往的记忆和未来的期许，开发商希望打造一个品牌和利润兼备的成功项目……因此，如何解决各种场地问题，平衡多方面的目标，就成了旧改项目设计者面对的重大考验。

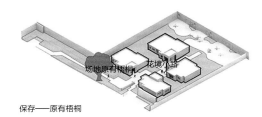

保存——原有梧桐

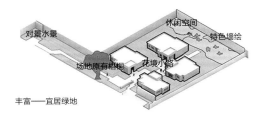

丰富——宜居绿地

生活——后场通道与样板房节点

在扬州冶金厂旧改项目中，设计团队平衡了多方诉求，在重构价值的前提下让61岁的老厂区重焕新生，以期带动扬州工业城区焕发新的活力。

此旧改项目受到了当地媒体、民众的广泛关注，被媒体报道称为扬州版的"798"。

设计缘起

"也今东南"是绿地香港控股有限公司在扬州的壹号作品，项目择址扬州极具发展潜力的东南新城，这里也是扬州冶金厂旧址，至今已有61年历史。

1958年，扬州冶金机械厂的前身"扬州地方国营电机厂"成立，全厂仅18名员工；20世纪80年代，发展壮大成为国内冶金机械设备制造的大型骨干企业、扬州市的利税大户；到1998年，响应国家号召，变更为有限责任公司；到2004年冶金厂进行国企改制。

随着时代的变迁、市场大潮的洗礼，在"退二进三"的大背景之下，曾经热火朝天的工业厂区逐渐"冷却"；由于近年来可持续发展理念的不断加深，2017年冶金厂让位城市建设，开始陆续停产、整体搬迁。

对于扬州冶金厂旧址场地的改造更新，设计团队希望在保护工业文化的同时，能够为城市的居民提供一处富有活力的生活剧场、有情感记忆的文化地标。

价值转变

在项目初期，设计团队原本是以常规地产的手法在场地上堆砌了种种"亮点"，以夸张的视觉效果替代场地留存的工业痕迹。而在我们去到现场勘察场地后，看到耸立的水杉、落灰的机床、粗犷的砖墙和铺满厂房立面的爬山虎，关于项目的价值导向、设计思路发生了转变。

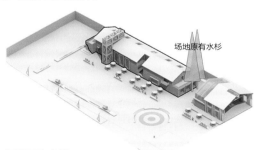

保护原有水杉

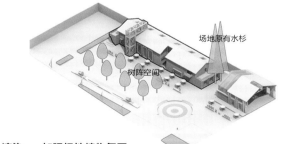

渲染——加强场地植物氛围

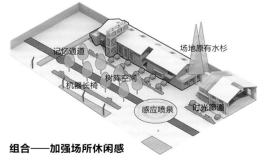

组合——加强场所休闲感

功能生成图

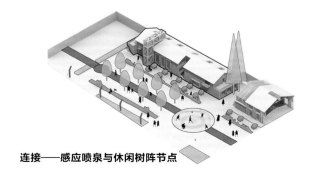

连接——感应喷泉与休闲树阵节点

时光廊道　喷泉　　　　　　　中央水景　　　　　迎宾入口

剖面图 1

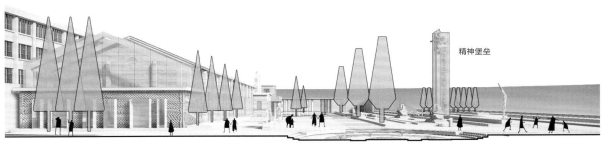

精神堡垒

剖面图 2

设计团队针对"赋予冶金厂一个怎样的新的城市角色？""如何延续工厂的空间气质和文化记忆？""如何重新链接场地与人以及人与自然的关系？"，这三个问题进行了深入的思考，并且重新制定了设计策略。

植根于场地本身，我们提出了三大核心设计策略：

"时光痕迹，文化延续"——保留原有建筑特色，以时间流过的痕迹，让城市工业文脉在空间里延续。

"艺术介入，激活新生"——用艺术重建时间，通过艺术装置融入场地，形成独特空间氛围，重建社群归属认知。

"自然链接，永续生态"——以自然的形式，链接人与生态之间的关系，塑造与自然共生的永续未来社区，焕发生机。

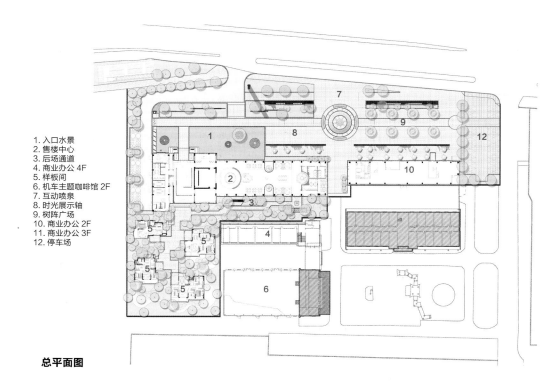

1. 入口水景
2. 售楼中心
3. 后场通道
4. 商业办公 4F
5. 样板间
6. 机车主题咖啡馆 2F
7. 互动喷泉
8. 时光展示轴
9. 树阵广场
10. 商业办公 2F
11. 商业办公 3F
12. 停车场

总平面图

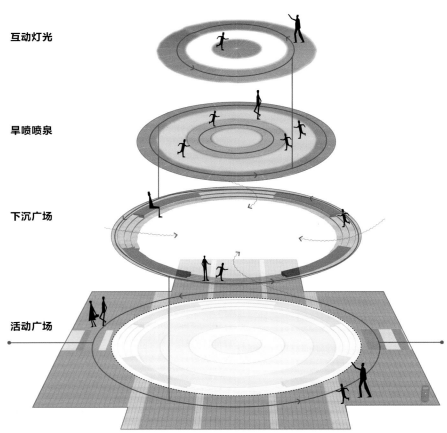

互动灯光

旱喷喷泉

下沉广场

活动广场

功能区分解图

重生之路

设计团队从原厂房独具特色的墙面，提取砖红、工业灰两大色彩元素，呼应工厂文化，融入环境。

项目售楼部（2号楼）是以前冶金厂的员工食堂，建筑立面特别并且保留得较为完整，侧边留存七株高大的水杉。我们以简洁的静水面烘托工业遗存，前场搭配野趣的观赏草和疏朗的乔木，在市政立面上强化建筑的主体性。

入口处设置了条石及工业感的标志系统，水景以耐候钢板做立面材料，与建筑立面的红砖交相辉映，同时大面积水景将建筑立面完整地倒映出来，仿若水上建筑一般，大大提升了原工业场所的可观赏性。

设计团队把旧址原来的部分树木，处理转变为圆柱形态的短木块，应用在场地的景观布置中。并且以红砖艺术雕塑、休闲树池这些兼具趣味和纪念功能的形式，与周边的居民们产生各种互动和情感联系，将历史记忆里的冶金厂过往以更加亲近的方式在场地中延续新生。

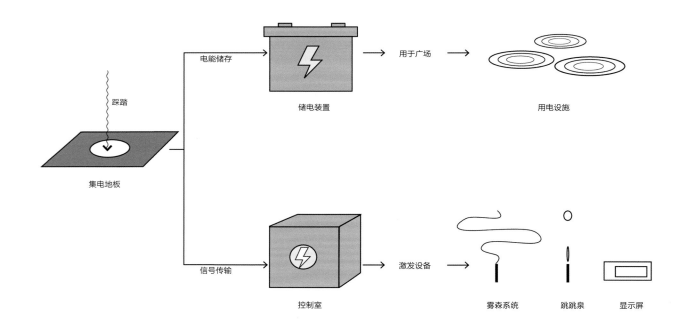

踩踏　电能储存　储电装置　用于广场　用电设施

集电地板　信号传输　控制室　激发设备　雾森系统　跳跳泉　显示屏

数字传感远离示意图

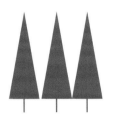

场地现状树

切割后形态

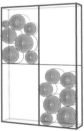

景观利用

从"厂区办公"到"剧场生活"

商业街区作为旧时厂区的办公楼，保留了非常多的生活记忆。设计团队把往日承担着重要角色的机床设备原样放置在街区，以"陈列"的方式致敬扬州近代工业的发展与变迁，让历史的记忆和力量重新绽放在阳光下。

设计团队还以冶金厂发展历史的各大重要时间节点，拼成记载冶金厂发展的"时光廊道"，延续原本作为厂报、奖状给人们留下的记忆。

项目的1号楼有一面特别的砖墙，采用原来旧厂房拆下的青砖作为材料，通过运用参数化的设计手法，将其结构再重组，形成艺术性的镂空质感。

为了让场地景观与建筑砖墙互相呼应，设计团队在代表冶金厂成立年份1958年的时间雕塑中，也采用了旧厂房的红砖作为材料。通过适当

选择现代嵌入部分的创新设计度，使传统文化、工业遗存等凝聚的时间雕塑相契合，在动态的观察与时间过程中找到最优的答案。

在此处，人们能用眼看到历史的印记，用手摸到老材料的质感，将自己沉浸在过往的历史故事中，想象自己就像是这其中的一块砖，通过情景的代入，去体会和重拾那些曾经的场所记忆。

而在链接人与自然方面，设计团队保留了靠近建筑的七株水杉，并以水杉为植物起点，加入同为强烈竖向形态、但具有秋色叶的银杏，搭配红砖树池，延续场地植物氛围的同时，丰富了场地的季相变化，也扩大了休闲场地范围，加强了场所的休闲感。

另外，设计团队从原工厂的内部提取了荷花池这一休闲元素符号，延续放置到前场做了具有灯光效果的感应喷泉。

喷泉能感应到游人、嬉戏者的脚步动作而启动，在五彩缤纷的互动灯光映衬下，喷泉水柱变换着不同造型，孩童们欢快地玩水、游戏，让整个街区更添活力和生趣。每当夜幕降临，流光溢彩的旱喷广场成为了市民休闲放松的好去处。

从"工业棕地"到"宜居绿地"

工业棕地，是由于城市产业结构转型、可持续发展理念的加深、工业区从城区外迁等原因，早期的城市工业区开始衰退，部分工业区地块逐渐成为被废弃、闲置或利用率很低的用地，被称为"铁锈地带"。

扬州冶金厂地块，在工厂搬迁后也曾是一片荒凉的工业棕地，经过改造更新后焕发欣荣，链接了人与自然、实现绿色永续发展。

在后场通道，设计团队营造了一条花境小路，多彩的花卉、葱郁的草木抚平了冶金厂旧址的荒凉，让自然与工业并存，蜕变成为一片活力新生的宜居绿地。

小路旁的休闲坐凳，增加了行人与花境的亲密接触；室内外视线通透，大气简洁，让工业之美自然呈现；粗砺而不粗糙的铺装地刻，充满美感的时光雕刻，都体现了展示品质的设计细节。

生活在历史之上，找到链接过去与未来变化的"时间印记"，使旧区再次焕发生机，让新的生活方式不会失去情感的温度，让城市的记忆不断、精神永存。

也今东南，链接了扬州东南片区的历史记忆和未来生活，筑牢了城市的精神文化根基，提高了居民的生活幸福指数，将成为扬州人的全新文化地标、网红打卡点。

项目面积：
180000平方米
业主单位：
东莞市运翎通信科技有限公司

主创设计师：
关午军
设计团队：
王悦、朱燕辉、戴敏、杨贺明、管婕娅、
李和谦、曹雷

摄影：
王坤

广东·东莞

vivo总部

中国建筑设计研究院有限公司 / 景观设计

项目所在地东莞被称为世界的加工厂。在东莞长安镇，随处可见vivo的厂区。vivo是一家扎根于东莞的民营企业。厂区以租赁的形式逐渐分散在几处，功能各不相同。伴随着企业的发展需要，建立自己的厂区，提升企业形象，提升厂区工人、研发人员、企业高层的办公环境成为必须。团队设计研究了诺华公司总部、微软公司总部、苹果公司总部的景观设计，简约、自然、图形、功能是这些新兴研发企业的关键词。遵循着"乐享非凡"的企业文化，vivo总部旨在为员工打造高品质花园式办公空间。

在园区主入口是一条贯穿两侧主要建筑的轴线，作为园区的企业形象，我们设计的塑形草坡简洁有力，同时呈现出高低起伏的变化，无论是对称的V形还是波浪形草坡，园区景观与建筑空间有机互生，形成一系列各具特色的景观空间，直至尽端的vivo PARK。简洁而优雅的椭圆形主楼围绕一个巨大的绿色庭院建造，营造出一种强烈的中心性和凝聚力，是访客和办公人员停留驻足的室外花园。综合楼的方形中心庭院是一个极具舞台现场感的场所，人们在这里汇聚、停留、休憩、甚至表演。为了适应广东日照强烈、多雨的气候特点，我们采用一套连廊体系将全部建筑联系起来，在顶部种植绿化，除了遮阳挡雨，又创造了一个立体的线性公园。轴线的尽端融入到vivo PARK中。vivo PARK是园区的预留用地，为园区未来扩展之用。疏朗与自然是vivo PARK的关键词，多彩的植被，和缓的流水在这里融合。蓝色的vivo跑道贯穿始终。山顶的清水混凝土园亭细节完美姿态轻盈，形成花园的核心。

清水混凝土、原色竹木、天然露骨料混凝土，这些贴近自然的材料通过细节的精细设计，能够

1. 迎宾中心
2. vivo 极智广场
3. 智慧盒子
4. 乐享花园
5. 星光大道
6. 办公楼内庭
7. 综合楼内庭
8. 绿色廊桥
9. 篮球场
10. 体育场
11. vivo PARK 入口看台
12. 看台
13. 亲水平台
14. 荷塘
15. 器械运动场
16. 乒乓球场
17. 网球场
18. 生态洼地
19. 休闲会议
20. 中心公园
21. 溪流
22. 次入口
23. 宿舍区
24. 停车场

总平面图

呈现出自然的简约之美。景观中大量运用了清水混凝土的材料来制作园亭、景墙、logo、坐凳。它既是结构又是装饰，加上造型的严密推敲，线脚的精细设计，在简约之中又包含充分的细节，是我们所追求的极致的设计。企业园区的管控与一般园区管控要求不同，安全要求高，人员类型复杂，流线多重交叉。景观设计需在满足基本安全要求的基础上对管控设备进行美化，将管控设备与景观设计融为一体进行必要的遮蔽。所有的专业与设计在这里进行了统一。繁冗的功能设计最终呈现出简约的效果正是我们所共同期待的，在满足员工工作生活使用的同时，打造大湾区全新高科技企业形象。

业主单位：
保利集团
建筑设计：
AUBE欧博设计

施工团队：
普邦
雕塑设计：
叶正华

室内设计：
朗昇设计
摄影：
林绿摄影

广东·佛山

保利梦工场

ACA麦垦景观事业一部 / 景观设计

电竞产业是炙手可热的新经济，新型文化的典型代表。保利梦工场项目是保利华南响应"文化引领"发展战略的新尝试，助力大湾区文化产业发展的新兴业态。梦工场项目电竞馆将引入更多电竞、文创产业上下游企业及配套产业进驻，打造大湾区电竞产业标杆项目。同步规划打造的国家A级电竞馆，也将填补华南区域电竞专业化赛事场地的空白。粤港澳大湾区电竞文创产业中心今后将建立动漫游戏电竞等文化产业集群，从而带动粤港澳大湾区的电竞教育培训、电竞文化、电竞人才，形成产业链齐聚，引领行业发展。

项目思考

项目位于广东省佛山南海三山片区，地处场地交通最便捷地段。保利华南对项目的定位是打造粤港湾首个电竞主题产业项目。建筑规划的业态比较丰富，包括电竞产业园、产业办公、商业、LOFT公寓、青年公寓、长租公寓等。所以，麦垦景观提出符合电竞气质的设计主题——红与蓝的对决。

设计面临的挑战

电竞产业是个新兴的行业，类似主题的项

目几乎没有，这个项目对于建筑、室内、景观三专业都有比较大的挑战，业主要求三个专业都要体现出电竞的元素。电竞与办公这是两个不同的主题，设计如何将它们串联在一起，让整个地块的功能、流线与不同业态的空间组织在一起，形成一个更具包容性、可能性与参与感的景观容器，这是设计需要解决的问题。

设计理念

对抗与融合看似是一对矛盾体，在这里却是一个永恒的旋律。展示区的主要业态分为电

竞与产业办公两个板块，设计以电竞主题为切入点，通过营销体验将整个场地联系在一起；将年轻人未来的生活方式、社交方式、工作方式串联起来，营造一个多元化的属于年轻人的乌托邦。

冲浪象——电竞之门

展示期间电竞产业与办公区之间存在一条市政车行道。原市政规划车行道入口26米，设计将市政路开口结合两侧广场的宽度扩展到58米，形成一个比较大的营销活动场地，最大限度的把电竞馆跟产业办公建筑立面展示出来。设计将空间打开的同时需要解决电竞产业的昭示性问题，建筑的昭示性有了，景观的昭示性如何打造？设计认为场地需要一个有话题性、能体现电竞的IP元素的雕塑。最后雕塑家叶正华先生选择了冲浪象与场地完美结合。

建筑的概念是宇宙魔方，售楼处最终功能是作为电竞副馆存在的。景观把售楼处比作一个电竞的展馆，运用大面积的镜面水把建筑托起来，建筑可以完整地倒映在水面上，形成场地最大的艺术雕塑组合。

竞技象——电竞广场

电竞广场是作为室内电竞比赛空间延伸，场地中央设置了蓝色的竞技象，象征着电竞中的对抗，也是场地另外一个主题IP。电竞比赛训练之余到户外放松休息一下，热爱游戏的朋友可以在室外组队PK。设计将主题雕塑通过黄色飘带与HIGH PARK场地联系起来，让电竞的心情躁动起来……

星际塔广场

售楼处作为电竞副馆，星际塔是建筑的网红打卡点。室内的设计采用了万有引力的概念。景观设计把售楼处被我们比作太空的母舰，星际塔作为母舰的传输系统，是人类往返于太空与地球之间主要介质。

星际塔另外一侧是市政道路，现状条件比较凌乱。设计通过弧形的金属表皮遮挡住外界不利因素，也可以把星际塔及电竞馆的形态反射到镜面不锈钢上，形成一幅电竞的画面。广场作为室内空间的延伸，承载户外的各种活动，弧形的镜面不锈钢犹如一面硕大的哈哈镜，互动打卡都是不错的选择。夜晚地面的星光灯犹如浩瀚的宇宙，让人徜徉在科幻的电竞世界里。

产业办公

一半燃爆，一半宁静。设计师认为产业办公应该是生态、宁静、理性的，意图营造一个"在森林里办公"的场景。设计师考虑了大片矩阵林地空间，主要目的是弱化市政道路带来的生硬感，同时创造了具有很多可能性的林下空间；最后也恰到好处地呼应了建筑的"宇宙魔方"理念。线形的铺装、条形的座凳这些设计语言强化了办公区的引导性。

一层的商业及独栋的办公人群需要不同的空间功能，商业外摆、户外办公、商务洽谈、团队会议交谈、组队游戏等符合现在年轻人的功能需求在这里都可以得到满足。

青年活力场地

一半对抗，一半融合。电竞与办公的人群偏年轻化。设计考虑电竞产业园区的人群除了室内办公、电竞比赛、训练之余，产业园区要有参与活动的弹性空间，室内的工作与户外活动相结合；在这里户外健身、

林下的吊床、互动的喷雾装置等场地空间，总有一处适合你沉浸，喜欢游戏的朋友不经意间可以找到属于游戏里的记忆。设计师在场地设置了彩蛋的环节，魔兽世界里的游戏图腾被运用到铺装的设计里，电竞与运动的完美结合。

电竞行业是一个充满活力、新兴的产业版块，时尚电竞、创意电竞、生活电竞是最终的发展方向。麦垦景观设计立足于对新兴领域的探索，希望能在电竞行业里有更多的探索与尝试，输出我们的设计创意，打造大湾区最潮流、时尚、互动趣味的青年文化生活圈。

| 项目面积：
13.6公顷
业主单位：
北京中关村永丰产业基地发展有限公司
建成时间：
2018年 | 设计单位：
阿拓拉斯（北京）规划·设计有限公司
主创设计：
盛叶夏树、中里龙也
参与人员：
赵少磊、于雪岩、卢鑫 | 合作设计单位：
北京市城美绿化设计工程有限公司
摄影：
顾海洋 |

中国，北京

中关村1号

阿拓拉斯（北京）规划设计有限公司 / 景观设计

项目概况

中关村1号是北京中关村国家自主创新示范区北区聚集区——永丰高新技术产业基地的首批重点启动项目之一，位于北京市海淀区北清路沿线的永丰产业基地内，集企业办公、高端商务、活力商业、文化艺术于一体，以"硬科技"为主导产业方向，聚焦人工智能、金融科技、商业航天三大领域，致力于成为全球硬科技人工智能创新中心。

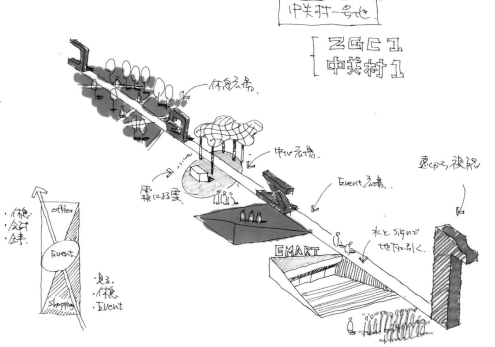

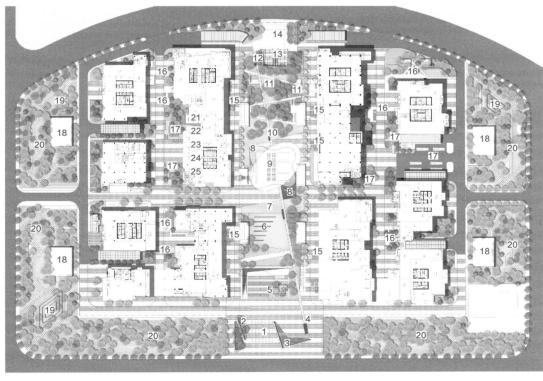

1. 旱喷广场
2. 艺术花坛
3. 1 号地 logo
4. 1 字小品
5. 下沉广场
6. 草坡看台
7. 室外舞台广场
8. 景观水景
9. 中心云广场
10. 林下空间
11. 生态花园
12. 小品廊架
13. 下沉台阶
14. 北入口广场
15. 中心商业街
16. 室外办公走廊
17. 商业户外空间
18. 自行车棚
19. 活动广场
20. 散步道

Ⅱ—22 地块平面图

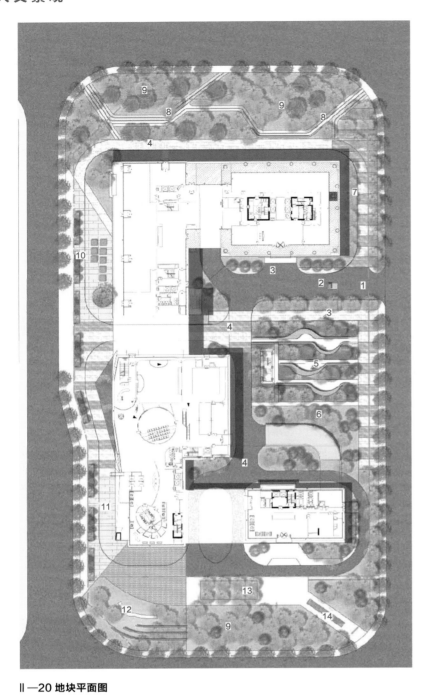

0 10 20 40 70M

1. 东入口车行
2. 管控室
3. 东入口人行
4. 车行道
5. 办公内庭
6. 植物组团
7. 隐形消防
8. 散步密
9. 植物密植
10. 商业空间
11. 会展中心
12. 旗杆 /logo
13. 林下空间
14. 东南入口

Ⅱ—20 地块平面图

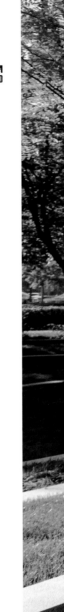

设计亮点

整体设计采用现代设计手法，风格简洁明快，力争打造中关村品牌的新起点，使之成为海淀西北部集现代、自然、生态于一体的具有代表科技性、环保性、智慧性、生态性的示范基地。

中关村之轴

景观设计构思独特之处在于"中关村之轴"的设计主题，设计师通过对北京中关村区域的考察研究，将其与中关村壹号项目相联系，从地理空间上将两处位置相连接，抽象设计而成。

中关村1号项目建筑体量较大，轴线明显，景观设计在建筑预留的轴线上布置相关设计节点的同时，"中关村之轴"可作为引导，串联广场区、休憩区和生态区；在中轴以外的其他各楼宇之间，也布置相关的休憩和商务洽谈区以满足科技办公园区的功能要求；入口处象征中关村壹号项目的雕塑装置更是起到了良好的引导和地标作用。

中轴商业区——生态都市绿廊

城市广场区作为通过南侧主入口进入的第一个区域，其重要性不言而喻。设计师意在将两侧的商业中心围合区打造成一个由城市开放广场向生态私密空间转变的生态都市回廊空间。

从主入口到商业广场，延伸至中心绿地，无处不使人感受到多元化的景观设计元素，通过生态都市绿廊，以及带有中关村符号的"Z，G，C，1"创造多层次的丰富活动空间；商场下沉空间中结合台阶设置的林下休闲座椅，为客人提供室外休闲场地的同时兼有商家展示活动的看台功能。

设计师在通往内部的中轴空间中设置了城市活动舞台、开敞的草坪空间以及云广场空间，为不同的人群提供了户外开敞活动、集会、休闲以及展示的空间。

办公休闲区——藏在花园中的空间

整个设计通过收、放的表现手法，将空间隐藏于植物种植中，隐匿于充满私密感的休闲茶座，隔绝外面的嘈杂世界，为客人提供了户外休闲、工作、学习的空间，以满足不同人群使用。

两侧区域中收放自如、一张一弛的表现手法，结合办公、咖啡、餐饮等园区建筑使用功能设置的抬高，下沉的休闲空间有效提升了整个园区的工作和生活品质。

草坪、大乔木组合，以及生态灌木、花灌木组合等特殊景观设计手法的相互穿插，创造了丰富的视觉感受，同时，多层次的植物组合，多密度的植物种植，也提高了整个区域的生态性。

在内庭花园中根据大的概念数据线的元素设置了别具特色的内庭生态花园，并兼合设计了林下活动广场，给办公人员提供室外活动空间。同时此区域的绿地在多雨的季节还起到了收集雨水的作用，体现出了科技园区的生态性。

项目面积:
50000平方米
业主单位:
深圳市福田区城管局
建成时间:
2020年

首席设计师:
庞伟
设计团队:
张健、薛源、侯晓璠、陈瑜璟、李娟、
黄征征、季晓玲

摄影:
黄志坚

区位图

广东·深圳

第19届国际植物学大会纪念园:
不种一棵植物的植物学大会纪念园

广州土人景观顾问有限公司 / 景观设计

为第19届国际植物学大会设计纪念园,一个不种一棵植物的植物学大会纪念园,人不种,风种、鸟种、昆虫种……

项目背景

国际植物学大会(International Botanical Congress, IBC)是全球植物科学领域水平最

高、影响最大的国际盛会。为纪念第19届国际植物学大会在深圳召开,深圳市政府决定为此建造一个纪念园。

项目选址在深圳市福田区,新州河与深圳河入海口交汇处,西邻红树林国家级自然保护区,与香港米埔自然保护区隔海相望,每年有大量的鸟

类在此停留。场地以南原本为无瓣海桑林,被清除后改种红树林;北部为边防线,公园属于边防控制地带,内有边防哨所和瞭望塔;受水土流失与海水侵蚀影响,场地内的土壤质地贫瘠且盐碱化严重。无论从社会、生态还是地理角度解读,公园均具有"边界"的复杂性与矛盾性。

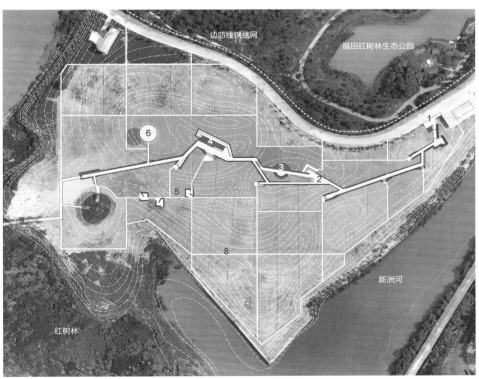

边防线镁丝网

福田红树林生态公园

新洲河

红树林

1. 入口广场
2. 线性看台
3. 圆形平台
4. 公共卫生间
5. 手印纪念墙
6. 瞭望塔
7. 观鸟屋 / 自然日志
8. 自然观察路径
9. 滨海栈道

 土壤置换区域示意图

N

0 10 20   50m

总平面图

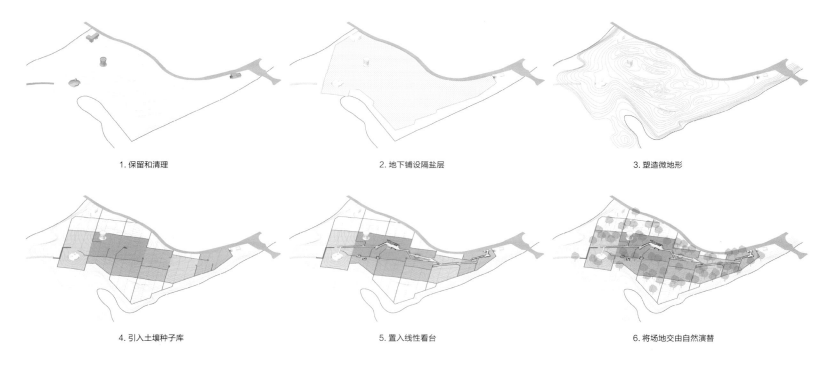

1. 保留和清理　　　　　　　2. 地下铺设隔盐层　　　　　　3. 塑造微地形

4. 引入土壤种子库　　　　　　5. 置入线性看台　　　　　　6. 将场地交由自然演替

演变过程图

创作概念的提出

　　城市里大多数公园几乎所有的植物品种都是由人挑选，由人灌溉养护，说好的自然呢？一不小心由风、鸟、虫带来的种子，刚一萌生又被园丁当成野草铲除了，于是有了人工城市，这个城市的公园也无非是一些"人工自然"的公园。

　　通过对"植物""自然"的思考以及对现行纪念景观套路化严重的警惕，我们提出了一个大胆的想法：设计一个不种一棵植物的植物学大会纪念园。不种植物并不代表这里没有植物，人不种，风种、鸟种、昆虫种……我们把设计的主动权交还给自然，最大程度地尊重自然、信任自然。

设计结构与实施步骤

　　公园由"自然舞台"和"线性看台"两部分组成。整个场地为自然做功的基底，设计仅对场地的地形、土壤进行处理，植被的生长与演替不做任何干预，完全交由自然来完成；在此基础上，引入一条漂浮于地面之上的线性看台——公园仅对场地低干预的、具有当代设计美学的人工设施。

深圳

场地

● 当前土壤收集点
○ 未来土壤收集点

未来伴随着深圳市民的参与，公园将持续从深圳更多地方收集表土

收集 10~15 厘米厚度的表土

表土取自深圳若干即将建设开发的自然环境

公园的建设通过以下几个步骤完成。

1.保留与清理：保留场地现有边防哨所与瞭望塔、观鸟屋，清理场地现状植被。

2.铺设隔盐层：场地内铺设隔盐层以修复场地盐碱化的土壤。

3.地形塑造：在整个场地上塑造丰富的微地形，从而让雨水在场地内停留下渗，为不同的植被生境提供丰富环境。

4.引入表土：选取深圳5个不同植被类型、土壤质地的公园，从中采集原生表土覆于场地表面，通过自然观察径和松木桩划分不同的土壤区域，既可以改善场地土壤品质，同时带来了表土中蕴含丰富的土壤种子库，让深圳的种子来塑造公园未来的模样。

5.置入线性看台：一条由耐候钢、混凝土构成的钢结构架空栈道跨越整个场地，将公园解说、手印纪念墙、自然观察记录、休憩与交流平台、生态卫生间等功能活动囊括其中。

6.将场地交由自然演替。

据不完全统计，公园建成半年内生长至少 11 科属，37 种植物。
其中有 7 种植物在深圳被列为外来入侵植物。

场地植物名录记录表				
序号	名称	科 属	图片	备注
1	含羞草 Mimosa pudica	豆科 Fabaceae 含羞草属 Mimosa		外来入侵种
2	田菁 Sesbania cannabina	豆科 Fabaceae 田菁属 Sesbania		外来入侵种
3	南美山蚂蝗 Desmodium tortuosum	豆科 Fabaceae 山蚂蝗属 Desmodium		
4	链荚豆 Alysicarpus vaginalis	豆科 Fabaceae 链荚豆属 Alysicarpus		
5	舞草 Codoriocalyx motorius	豆科 Fabaceae 舞草属 Codoriocalyx		
6	香附子 Cyperus rotundus	莎草科 Cyperaceae 莎草属 Cyperus		
7	碎米莎草 Cyperus iria	莎草科 Cyperaceae 莎草属 Cyperus		
8	狗牙根 Cynodon dactylon	禾本科 Poaceae 狗牙根属 Cynodon		
9	马唐 Digitaria sanguinalis	禾本科 Poaceae 马唐属 Digitaria		
10	牛筋草 Eleusine indica	禾本科 Poaceae 穆草属 Eleusine		
11	番薯 Ipomoea batatas	旋花科 Convolvulaceae 虎掌藤属 Ipomoea		
12	牵牛 Pharbitis nil	旋花科 Convolvulaceae 牵牛属 Pharbitis		
13	篱栏网 Merremia hederacea	旋花科 Convolvulaceae 鱼黄草属 Merremia		
14	夜香牛 Vernonia cinerea	菊科 Asteraceae 铁鸠菊属 Vernonia		
15	鬼针草 Bidens pilosa	菊科 Asteraceae 鬼针草属 Bidens		外来入侵种
16	马齿苋 Portulaca oleracea	马齿苋科 Portulacaceae 马齿苋属 Portulaca		
17	龙葵 Solanum nigrum	茄科 Solanaceae 茄属 Solanum		
18	地锦草 Euphorbia humifusa	大戟科 Euphorbiaceae 大戟属 Euphorbia		
19	刺苋 Amaranthus spinosus	苋科 Amaranthaceae 苋属 Amaranthus		外来入侵种
20	阔叶丰花草 Spermacoce alata	茜草科 Rubiaceae 纽扣草属 Spermacoce		外来入侵种
21	海芋 Alocasia odora	天南星科 Araceae 海芋属 Alocasia		

纪念园建成与"2121"计划

项目刚建设完工是项目最为荒凉的时候，设计团队需要极大的耐心等待场地发生变化，同时向关注项目的各方解释项目的创作意图。

经过了半年时间，公园不复最初光秃秃的样子，由风、鸟、昆虫和土壤带来的种子已经落地安家，生命的来临让场地每天发生变化。据不完全统计，公园建成半年内生长出至少37种植物，其中有7种植物在深圳被列为外来入侵植物。

在这个过程中，我们放弃了完全不干预的极致态度，为避免入侵品种一统公园的画面，公园管理方将定期对恶性入侵品种进行适度清理和记录。

经过一年左右的时间，公园已是绿意葱茏，挣脱了文明约束的次生自然在土地上勃勃生机。

2020年9月12日，植物学大会纪念园正式开园，与此同时"2121计划"也随之开启，深圳以100年为时间跨度对纪念园进行自然观察实验，使纪念园成为一个开放的城市自然恢复过程的长期观测平台。"2121计划"制定了一系列研究方法：严密地进行物种监测，跟随时间的推移真实完整记录生态环境的真实变迁情况；搭建平台，及时和其他科研机构共享监测数据；组织深圳市民、学生参与，认识深圳真实的自然状况。

这片土地依照自然规律做工，以其自身逻辑建立起深邃的秩序，百年的风霜雪雨和生物群落的演替，探讨人与植物的伦理关系、哲学关系，梭罗说"世界保存于荒野之中"，这片"荒野"的存在或许能给我们带来思考和启示。

项目面积：
36.7公顷
业主单位：
江阴市园林旅游管理局
建成时间：
2020年
主创设计师：
James Brearley、黄芳、蒋涵

代建单位：
江苏大自然环境建设集团有限公司、
常熟古建园林股份有限公司、
苏州吴林园林发展有限公司
景观设计成员：
Robin Armstrong、王粲、熊娟、李淑芸、
卢颖宏、方旭杰、陈燕玲、王晨磊、黄俊彪、
刘小博、Lisa Ann Gray、Alexander Abke、
王天葵、罗莉、程业典

建筑设计成员：
Steve Whitford、Joseph Tran、张旭、高卫国、
倪玮、侯慧麟、Tatjana Djordjevic、李福明、
王克明、李冬冬、杨泰、莆棱烽、郭林
配合设计院及景观施工图：
江阴市城乡规划设计院
摄影：
曾江河、夏至

江苏·江阴

江阴市滨江公园

Brearley Architects+Urbanists（BAU建筑城市设计）/ 景观设计

简介

江阴坐落于水运繁忙的"黄金水道"长江之畔，目前正致力于将其部分工业码头改造为高密度的生活—工作区。这一改造项目的第一阶段正是沿着江边再造一个长达4千米的公共区域。该项目业主通过邀请竞赛抉择最佳设计，BAU建筑城市设计的方案脱颖而出。

设计目标

1.重建本土生态系统长廊。

2.保留当地的诗意工业特征。

3.保存当地历史风貌。

4.引入符合新时代趋势的休闲设施。

5.连接外部区域形成城市公园网络。

柔和边界与生态长廊

不断涨落的长江潮水滋养了江阴滨江区域丰富的生态文化。滨江公园的建成对该地区的微生境而言，不仅是一种修复与还原，还是进一步的提升与扩充。江河边缘的复杂性通过岩石固定得以加强与稳固。一条由当地绿植贯穿的长廊连接

了整个项目，将东边的鹅鼻嘴山与西边的生态长廊串联一体。

后工业时代的诗意

在长江日夜不息的冲刷中，经久磨损的广阔码头已被染成棕色。立于码头，远眺无边江面，迎面而来的是宏伟江流与磅礴庄严之势。作为扬子江造船厂的原址，滨江公园承载了江阴船舶制造工业的历史，因此我们在设计中保留了其最原始而野蛮的框架结构。围绕码头进行的干预措施使原有工业环境的巨型规模、健壮性

和清晰度得以保留。当未来这片区域遍布植被与丰富的景观时，充满活力的工业码头必将为居民提供一片逃离世俗繁杂的休憩地。

历史的延续

发达的水运和便于储存货物的开阔平坦地势使这片江边码头成为天然港口区，不过在改革开放后，码头东面曾建造为设施齐全的船厂。如今的设计不仅保留了该区域的历史痕迹，还从生态、流线及规划等层面对其进行了提升。最终呈现的结果便是一份当地历史与环境的复杂重写本，容纳各式公共空间并支持兼收并蓄、多种多样的户外活动。

区域内留存的历史痕迹包括：船舶的下水滑道、龙门起重机及其轨道、船厂建筑、防浪堤、中式园林、被树包围的小道及其他众多文物。其他层面则包括：联结（步道、自行车道、水上木板路、场地内外视野的延伸以及新区域的路径等都使城市与水系的联系更加紧密）；休闲（运动场及滑板公园）；娱乐（船型的儿童探险游乐场和老年锻炼区）；社交（开阔广场、游客中心与大型展览馆）；休憩（小亭子、座椅、野餐桌和船型解说台）；生态（雨水花园、水边栖息地及生态长廊）。

三个历史港口

江阴的港口历史可追溯至唐代（公元618—907年）。研究揭露了当地三个历史港口的位置：黄田港。据说其形成于近2000年前，如今被开发成港区的主要公共活动空间，地面铺装加入了对长江的解说地图。菲莱港的最新版本是修复后的工业港，一个被设计成起伏山丘的餐厅为居民提供了远眺台。鲥鱼港，曾是当地知名鱼市，历史可追溯至16世纪，通过新的景观设计，这里建立了广场、公园和鲜鱼餐厅，并提供与鲥鱼港相关的信息和解说。

休闲新时代

自改革开放起，中国迈入高速发展期已近50年，中国国民也不断探索多样的休闲娱乐活动。从稚嫩儿童到年迈长辈，滨江公园的景观设计为各个年龄段的人都提供了适宜的娱乐场所，这也使其成为江阴最大的乐园。公园内，一条4千米长的慢跑跑道连接了数十个户外运动场和健身器材场所；另一条更为随性的小径贯穿其间，将数个大型儿童游乐场、一个滑板公园和大量老年运动设备联结。考虑到广场舞的广泛流行，我们还在公园内设置了多个舞蹈广场。此外，大量凉亭、游戏桌、野餐草坪、帐篷都在这里有所归属，未来

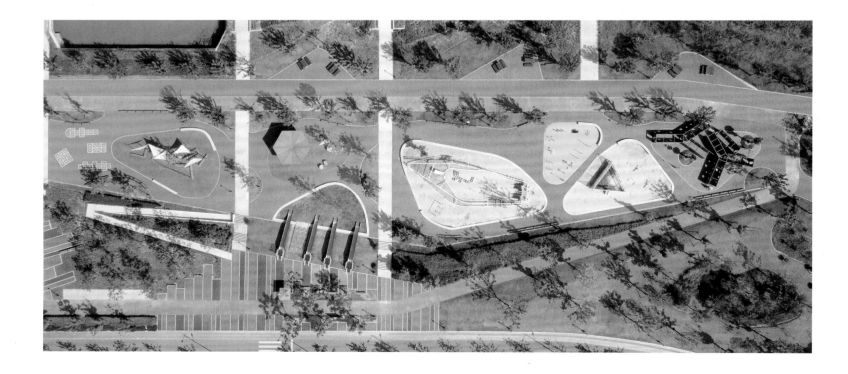

还将有其他多样的活动空间。这将使当地居民进入一个新奇有趣的健康娱乐时代。

新兴的公园网络

滨江公园内的自行车道是一条20千米自行车环路的起点，这条环路贯穿江阴市，沿途连接了市内已建成或处于规划中的线性公园。公园间的这种连接也是一种生态上的联结，一片广阔的生态系统网络正在涌现。人行步道沿着长江水岸延展，东面设置的栈道带领人们通往陡峭的山崖。

滨江公园的设计同时也是码头区域与城市建设区的连接。滨江环流与城市环流结合，景观路径自街道轴线向外延伸，各式各样的广场与城市—河流景观长廊正沿这条轴线分布，在江阴市内构建了一片新兴的公园网络。

项目面积：
43公顷（一期8.7公顷）

建成时间：
2020年

摄影：
侯凯丹、王振宇、王严力

辽宁·沈阳

沈阳抗美援朝烈士陵园综合提升

东南大学、沈阳建筑大学 / 景观设计

　　沈阳抗美援朝烈士陵园始建于1951年，是国内唯一一处抗美援朝志愿军英烈安葬地，杨根思、黄继光、邱少云等志愿军烈士长眠于此。对陵园进行综合提升改造主要的目标为：首先，通过对陵园本身的景观提升，更好地加强爱国主义建设，进一步传承和弘扬英雄精神，打造城市红色名片；其次，对整个地区的活力提升起到促进作用，融合市民生活，将陵园的发展变孤立为和谐，实现陵园与城市共融生活平台。为了更好地整合城市资源，打造多层级的纪念性空间，在本方案中，我们根据层层递进，由内而外的逻辑

对陵园空间进行三个层次的划分。三个层次从中心轴线纪念性空间向市民活动空间延伸，从礼仪性的庄严肃穆凭吊氛围向参与性的日常纪念缅怀氛围转变。

　　抗美援朝烈士陵园的本质是纪念性活动的空间载体，担任了中华民族崛起和在近现代我国历史地位重新奠定的正向意义。因此在陵园的综合提升中我们提出以下主题。

　　1. 纪念性——营造重大历史事件场所载体，

以"英雄正义和缅怀先烈"为中央轴线序列空间的主题，通过起承转合等手法，使得参观者进入一个经典性、纪念性的中央轴线序列空间。

　　2. 政治性——提升国际政治地位，展现大国格局；突出当代中国的大国格局，通过涉及二战五国的共同纪念性来表达，推动全世界各国多元文化融合，开放欢迎二战各国参与爱好和平的纪念性活动，鼓励以多种形式参与纪念性事件。

　　3. 教育性——弘扬英雄正义和爱国主义，构

建人类命运共同体，深度解析生死智慧，生命的基本形态是新陈代谢，理解英雄牺牲的重于泰山。设计通过现代手法表达纪念性景观环境氛围；唤醒记忆，不忘初心，静思冥想，场景联想，行走中的思绪。对年轻人传递崇尚英雄、捍卫英雄、学习英雄、关爱英雄的精神实质。

4.参与性——搭建生命价值追寻地。从市民的角度搭建生命价值探索的共荣空间，将参与性和教育性贯穿市民生活当中。在深度参与中真正意义上实现先烈缅怀和英雄主义精神的空间共享、记忆共享、文化共享以及和平发展理念共享。

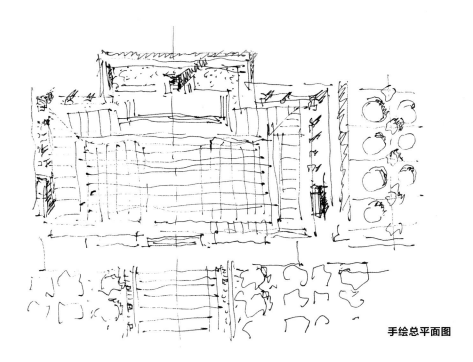

手绘总平面图

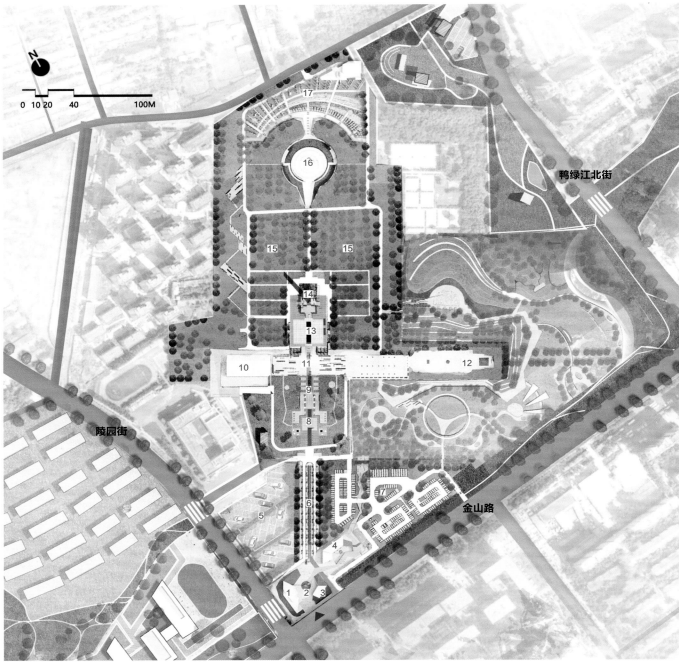

总平面图

1. 游客服务中心
2. 城市广场
3. 陈列馆
4. 办公楼
5. 内部停车场
6. 景观大道
7. 综合停车场
8. 入口前广场
9. 序列空间
10. 博物馆
11. 横轴广场
12. 苏军墓
13. 主广场
14. 纪念碑
15. 英雄墓区
16. 地宫
17. 地宫（扩建）

鸭绿江北街

陵园街

金山路

项目面积：
36876平方米
业主单位：
成都万兴绿建科技有限公司
设计团队：
邹裕波、苏肖更、高天阔、王明、刘金亮、谭斌杰、刘哲、马兴、李淑珍、肖琳、秦盼峰、袁雪松、夏丽昕、张李鹏、陈淑琪、杨晓辉、宋博文

建筑设计：
中国建筑西南设计研究院有限公司
室内设计：
上海泽钦室内设计有限公司
雕塑设计：
UP+S阿普贝思联合设计机构

施工单位：
四川时宇建设工程有限公司
摄影：
LSSP罗生制片陈志

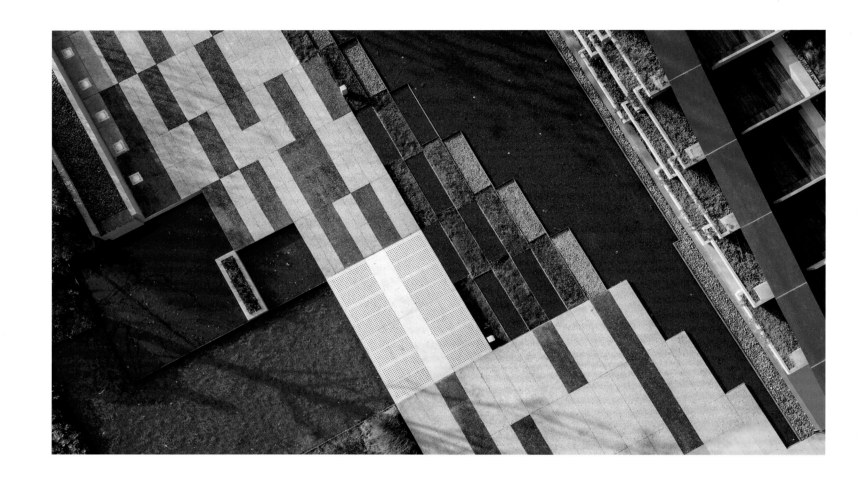

四川·成都

万科双流绿色建筑产业园

UP+S阿普贝思联合设计机构/景观设计

万科双流绿色建筑产业园是一个兼具创展、研发、办公、生产等多功能于一体的产业园区。展示区景观着重设计了作为未来整体园区的核心雨水花园，建研区主要为员工生活区域，缓林、浅草、微澜、空山、静野、幽谷形成不同的生境，为动物提供多样栖息地，为员工生活提供丰富、趣味的亲自然空间。

理念

"城市中重要的系统有两个，一个是自然的系统，一个是人工的系统，一个好的城市中这两个系统是互相平衡的。自然的系统并非指绿色的自然，而是能够真正按照自己的演变进程发展的自然。"

——伊安·麦克哈格

在历史悠久文化丰富的"天府之国"，设计团队并没有附会常见的历史文化主题，而是把目光投向"生态"这一主题，力求园中每一处景致都能让人感受到一种平和的美感、一种大自然的气息。

这是运用现代的工程技术创造出一种不失原始野趣自然的生态空间，并平衡自然生态与人工之间的对立。既是现代的又是生态的，既是人工的又是自然的，它在人工与生态之间实现和谐统一。

设计

设计团队试图通过唯美的人工形式，抽象并艺术化表达设计理念，达到人与环境的和谐统一。

四川三维地形图

四川代表性山水格局

模拟自然地貌 再造山水园林

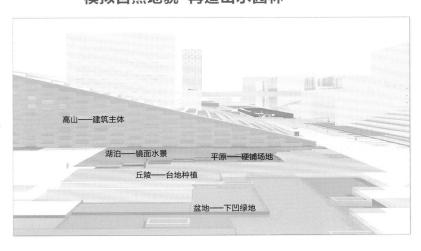

高山——建筑主体

湖泊——镜面水景　　　　平原——硬铺场地

丘陵——台地种植

盆地——下凹绿地

设计团队对四川的大山水格局进行了研究：四川省地貌东西差异大，地形复杂多样，位于中国大陆地势三大阶梯中的第一级青藏高原和第二级长江中下游平原的过渡地带，高差悬殊，地势呈西高东低的特点，由山地、丘陵、平原盆地和高原构成。

由此，在分析了项目基地竖向的基础上，结合建筑立面形式，我们确定了展示区核心雨水花园的形态：由山形绿色建筑屋顶层层叠落的错落台地。山形建筑隐喻青藏高原的高山，台地雨水花园象征海拔层层下降的丘陵，连接的广场是人类聚居的平原地带，下凹绿地自然形成巴蜀典型的盆地状态。

设计团队在园区设计一系列雨水花园、透水铺装、绿色屋顶和旱溪等多种具备雨水管理功能的LID设施，旨在强化生态系统服务，让园区成为一个具有抗灾力且易于维护的海绵景观典范。结合PC生产厂的产品，我们对所用材料进行模块化设计，并局部采用装配式景观施工。

整体景观的基本框架基于创展中心建筑的模数网格系统，铺装、绿化、户外家具、构筑物等都遵循此模数系统。我们试图将一个复杂系统通过非常有效、简单的形式表达出来，在强化整体统一的内在设计逻辑的同时，也是对优化建造过程的一次实践。

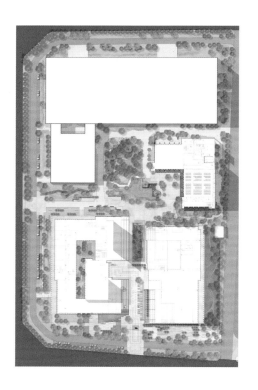

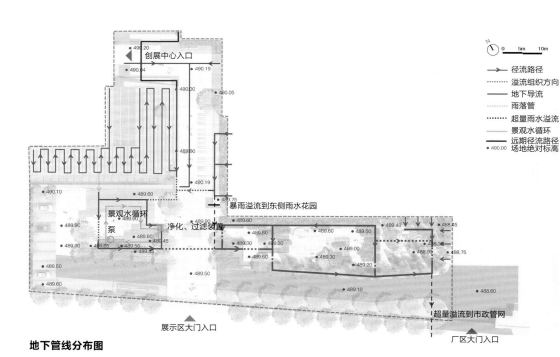

地下管线分布图

建筑周边绿地被充分利用，增加体验自然的机会，丰富的蜜源植物吸引飞舞彩蝶、采蜜昆虫，触手可及的自然吸引工间休息的员工凝神观察，放松身心。

园区中心有较大的绿地空间，通过地形梳理形成山丘微林，屏蔽生产厂房带来的噪声与污染，平衡土方，中心形成湖体，承纳来自园区建筑与场地的雨水。

成果

景观的内在气质在现代都市中尤为珍贵，当我们设想中人工化的"第二自然"展现在人们眼前时，我们希望人们向往的自然记忆能被重新唤起，我们更希望这种"觉醒"能重新激发出人们对大自然的热情，珍视我们的地球。

a 互动模块

b 生产模块

c 休闲模块

a+e
d+h+k
(c+g)+(m+p+w)
……

d × × 模块
e ……

每个（或每组）模块都可以组合成不同的布局，且新的模块可以根据未来的使用者的实际需要进行灵活组合和延展

模块化结合展示、休憩和娱乐，创造一种更积极而有创造力的工作生活方式。它的多样性和灵活性让公众可以参与其中并成为城市最有活力微空间的一部分

功能模块分析图

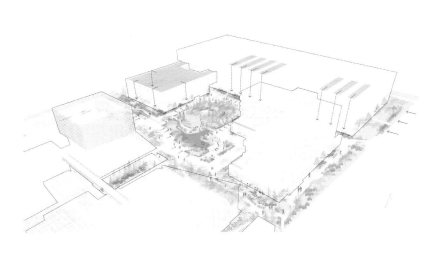

项目面积:
7.32公顷
建成时间:
2020年

设计团队:
关午军、朱燕辉、申韬、戴敏、王悦、李飒

摄影:
申韬、张广源、高文中、李季

山西·太原

太原市滨河体育中心

中国建筑设计研究院有限公司/景观设计

项目位于汾河西岸、漪汾桥西侧,包含对原有滨河体育中心的场馆改造、全民健身中心新建和整体环境提升等设计内容,同时对北侧网球中心用地整体规划、统筹考虑。

项目围绕"让体育中心激活城市、重新融入市民生活"展开,坚决避免"一拆了之",在充分尊重原有建筑的基础上,巧妙地将新老建筑融为一体,通过扩建部分的全民健身中心体量的横向布置,将广场空间最大化向城市共享,对市民开

放,保留由河对岸滨河东路视角对原滨河体育中心体育馆的可视性,强化整个规划区域作为青运会场馆,面向城市的标志性。

太原滨河体育馆在方案的投标阶段,设计团队提出了保留原体育馆建筑的设想,对场地周边建筑进行全部拆除,将体育中心主体露出城市界面,腾退的场地及东侧代征绿地,统一设计体育公园,公园不设围栏,全部还给市民。同时构建了贯通南侧滨河体育中心地块和北侧网球中心

地块的交通联系,使原本割裂为南北两区两处的体育用地中心整合起来。

景观与建筑一体化设计,对场地进行功能重组和补充,新馆朝向汾河设置观景平台,形成体育中心对城市景观界面的形象,强化整个规划区域作为青运会场馆,面向城市的标志性。老馆在朝向南侧原主入口位置补充观景平台。并结合北区专业性运动场地,补充休闲游憩健身活动区、生态绿地、健身步道,增强场馆与城市的互动。

在两馆之间，塑造贯通两馆、首层与二层，跨街可直达北侧公园的景观通廊。同时，景观运用参数设计，在铺装设计上，将建筑几何语言作为基础参数，向场地周边辐射递减，形成强烈的秩序关系，增加场地运动主题的张力与活力。

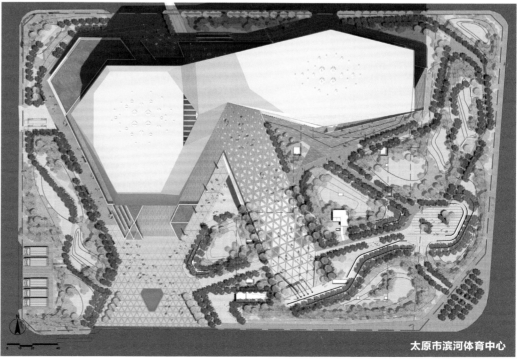

太原市滨河体育中心

项目面积：
25500平方米
业主单位：
烟台开发区工委党校
建成时间：
2020年
主创设计师：
董怡嘉、吴海龙、李斌
建筑设计：
水石城市再生中心、曼景建筑、水石工程

景观设计团队：
赵晓东阳、向左明、陈宇奇、田卓颖、郭豪特、
祁锋、倪必锦、陈佳毅、刘文静、聂君康、王文珍
建筑方案团队：
唐程颖、程孟雅、毛广知、李诗慧、张知、
周景轩、罗斌辉、何清清、郭杨、刘漠烟、
杨阳、陈鑫、钱卓珺、童子昕
建筑施工图团队：
陆伟栋、张华玉、王利尧
结构设计师：

杜侠伟、王世林、孙淑雨
暖通设计师：
殷金、崔骏
电气设计师：
李晖、范琳敏、郑垚
给排水设计师：
余钢、胡颜、王栋
摄影：
何炼

山东·烟台

烟台城市党建学院

水石景观 / 景观设计

工业片区转型的起点

如何做好工业用地再生？每个城市都有不同的答案。本案是针对烟台城市更新课题所作的大胆尝试，也是水石设计一体化团队与烟台市经济技术开发区工委党校协力完成的空间创新作品。

项目坐落在烟台市经济技术开发区的核心位置，这里曾是开发区最早建立的工业园区。从最早的滩涂发展成为拉动开发区经济的引擎，在城市迈入新的纪元，工业区却成了被城市包围的飞地，其整体的功能与空间置换势在必行。作为工业区更新的启动项目，党建学院设计的目标是利用好开发区既有的资源，挖掘出土地未来发展的价值，带动更大范围的更新建设。

不断升级的新型产业是烟台持续发展的重要基础，因此开发区提出了利用闲置厂区建立一所开放式党建学院的想法，为政企沟通与招商引资营造更好的环境，也把城市新的发展机遇引入核心地区。水石设计被邀请加入这次大胆的尝试中，经过与业主积极的思想碰撞，共同设定了项目的定位：把学校的设计作为周边地区更新的示范，把封闭工业厂区改造为更具有开放共享特征的城市地标。

新旧结合的城市形象

项目原址是两座在20世纪90年代建成的机械加工厂房，风貌与空间上都平平无奇。这种非工业遗产类的厂房也是工业园区中最常见的"大多数类型"。若将它们简单地拆除，将会造成上千吨的建筑垃圾以及开发区发展记忆的归零，无论对于城市环境还是文脉发展来说，都是一种伤害。

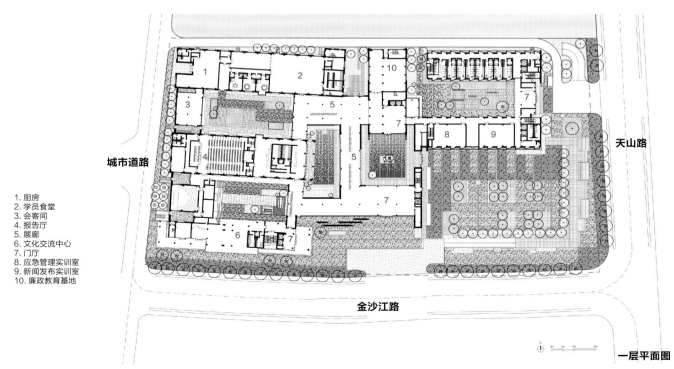

1. 厨房
2. 学员食堂
3. 会客间
4. 报告厅
5. 展廊
6. 文化交流中心
7. 门厅
8. 应急管理实训室
9. 新闻发布实训室
10. 廉政教育基地

城市道路

天山路

金沙江路

一层平面图

水石景观从城市可持续发展的角度为项目评估了闲置建筑再利用的可能，并建议将原有厂房中的四栋主要建筑保留改造，结合扩建重新打造场地的空间序列，实现新旧结合的场地再利用。

从孤立到整合的五个廊院

为了打破原本厂区相互独立的场地关系，我们提出的首要策略即是"整合"：通过廊院将两个厂区的建筑连接整合。在不同的建筑被连廊串起来的同时，建筑与建筑之间也自然形成了五个有廊的院落。

在这里室内与室外的空间设计被整合在一起考虑，在室内活动的感受自然地延伸到了室外庭院，每个被精心雕琢的庭院场景都成为校园内随季节变化的背景。丰富的空间层次使分散的建筑空间得到了整合。

从封闭到开放的界面

原有建筑的立面具有典型的工业建筑封闭特征，与"开放共享"的理念有所背离，在业主的大力支持下，设计团队大胆尝试了对原厂区外貌的整体改造。为了展现校园面对城市更丰富的表情，设计师把长达80多米的校园南立面划分出四个不同的段落：通透的街角连廊、水平向层层展开的主入口、底层架空的副楼入口，以及室内外视线互通的书店幕墙。

沿街的办公楼在改造后被作为对外开放的政企交流中心，底层引进了专业的文化运营机构"理想书店"，这里是所有校园的到访者可阅读休憩的理想场所。读书、聊天、喝咖啡、或是欣赏街边的风景，通透的建筑给校园生活创造了生动的场景。

底层局部架空作为书店的入口空间，将行人引导至室内，对于这样的行政教育建筑，这种空间的透明和灰度对于营造开放的外部形象与内在功能显得尤为必要，室外景观延续了室内地面的色彩与质感，更加烘托出场景的连续感。

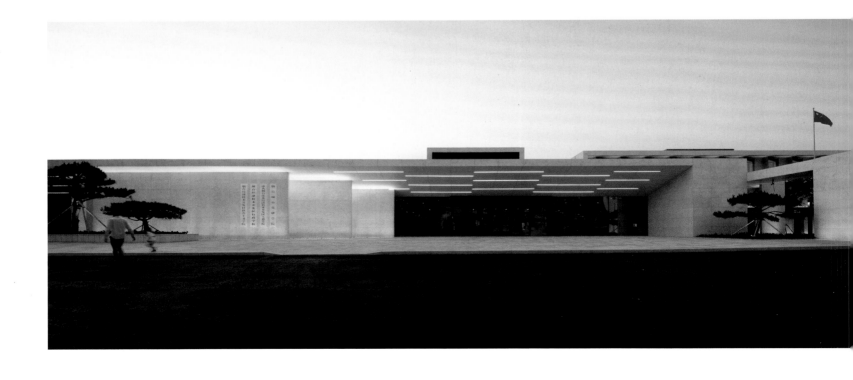

校园的主入口设计兼顾了学院开放和共享的特点，以及瞬时人流高峰的接待需求，在保持仪式感与功能使用的同时又与左右小体量的建筑协调。党校的主入口隐藏在一实一虚的立面材质变化中，两组横向舒展的造型松，生动地呼应了整个入口的设计。

在设计之初，校方即提出希望庭院建成之后能够作为供市民活动的街角广场。设计延续了无围墙的风雨廊作为校园与街道空间分而不隔的边界。风雨廊在细节设计上不仅衔接了校园内外不同的标高，并且如同一个个画框般塑造了多组进深不同的美景。

位于基地东侧天山路上的次入口是党校的主要车行入口，也是党校公共界面的尽端。立面方案通过强化建筑体量的连接与变化，以雕塑感的幕墙建立了和外部行人的距离感，作为公共动线

的收束，在空间和视觉上做了强化，在领域感上做了暗示。

对工业记忆的现代表达

项目原厂房建造年代并不久远，建筑形式也没有特别的工业印记，我们所提出的改造策略是通过强化工业特征实现对场所记忆的表达。对于原厂区内的两座大跨厂房，功能上利用现状大跨的基础条件，作为报告厅和食堂使用。形象上，外立面保持原有窗洞的韵律，同时使用石材幕墙对原有外墙进行替换。

对于院落中的报告厅前厅部分，拆除原有山墙面，进行加固后作为通透、具有仪式性的入口；庭院的景观设计充分尊重了建筑体量的主导性，选择两棵造型挺拔的五角枫作为主景树，点缀两株对接白蜡矗立两旁，更加衬托出空间的完整性。

奇通厂区内一栋保留建筑原为厂区办公，外观特性不明显，但因其结构具有保留价值，因此在原基础上改造。建筑一层二层通过独立受力的玻璃幕墙体系，实现底层空间的通透感。三四层立面上采用单元化错动的方式形成连续波动的立面韵律。内庭院中，设计了供学员室外交流的大台阶和实木面层的坐凳，这里也将是学院的室外课堂。

报告厅内部外露原厂房的双T板结构，并用过机电综合，将机电末端隐藏在梁格之内，使整个空间最具工业特征的结构体系能够最大化呈现。

原中电厂区内的一座4层办公楼，工业风貌不甚突出，在改造过程中保留了结构框架。进行局部加固后，外立面利用原有正对道路的山墙面，作为主入口轴线尽端的对景。立面材料采用铝拉网幕墙，一方面可作为立面的遮阳使用，另一方面结合庭院山海之城的主题，营造鳞粼水泼的意象。

庭院内的主题雕塑以烟台山海仙市为概念来源，用现代的手法展示山石的意境，石景与造型黑松结合，一方面营造主入口室内视线的画面感，另一方面打造庭院主景，寓意实事求是、坚若磐石的求知精神。

后记

整个党建学院从水石景观团队现场的第一次踏勘到正式建成，整整经历了两年的时间。作为全国首个以工业建筑改造作为党建学院的案例，项目经历了无数场关于设计的讨论与尝试，为了配合好现场，团队的差旅次数创了历史新高。功夫不负有心人，当项目最终竣工开学，当学院的领导告诉我们现在常有职工喜欢带着爱人与孩子到校园里来加班，有越来越多的烟台人为学校的空间点赞的时候，我们更坚信：好的设计可以为城市增加可持续发展的价值！

项目面积:
1345.6平方米

设计团队:
金江波、孙婷

摄影:
朱晔

中国·上海

渔阳里广场

上海大学上海美术学院/景观设计

渔阳里广场坐落于上海繁华商业大道淮海中路上,这里曾是中国第一个社会主义青年团——上海社会主义青年团的诞生地。渔阳里广场作为团中央机关旧址纪念馆对外展示的窗口,有着特殊的历史记忆和城市文化价值。渔阳里广场由上海大学上海美术学院金江波教授带领的10多名青年师生设计与实施,在前期设计团队就注重传承革命精神和传递红色文化,关注城市公共文化精神的树立,以红色文化为基因、以海派文化为精神、以江南文化为格调,运用公共艺术的手段,让建筑与时光优雅共鸣,让城市文脉得到传承,让青春事迹精彩飞扬。

渔阳里基地概况

位于淮海中路567弄的渔阳里,始建于1915年,占地面积约4.44亩,总建筑面积4005平方米,有砖木结构2层石库门住宅33幢。其中,渔阳里6号的两层楼砖木结构石库门建筑,即团中央机关旧址,于1961年被列为全国重点文物保护单位,旧址纪念馆于2004年对外开放。2018年8月,为迎接五四运动100周年,作为"党的诞生地发掘宣传工程"之一,渔阳里中央机关旧址纪念馆整体改造项目正式启动。渔阳里广场作为项目的重要组成部分,成为渔阳里历史文化对外展示的窗口。经调研,渔阳里改造前现状如下。

1.弄堂地处商业大道,周遭环境杂乱,被商区、马路、停车场等包围,缺乏红色文化场所的仪式感。

2.旧址纪念馆深居弄堂深处,没有对外展示的标志性建筑物,容易被来往路人忽视。

3.弄堂因年久失修,面临着公共空间狭小、道路拥挤、居住设施落后等问题,已不符合现代人的生活需求。

4.纪念馆缺乏与居民间的联系,没有激发居民对本地文化的自豪感和参与感。

渔阳里的价值分析

历史文化价值：渔阳里是中国红色征程的起点。100年前，俞秀松、施存统等八名青年在此发起成立了中国第一个社会主义青年团——"上海社会主义青年团"，并开办外国语学社，成为宣传马克思主义的主要阵地。它见证了中国青年的成长历程，为中国共产党的发展之路奠定了基石。

社会价值：对渔阳里的改造，一方面可以改善渔阳里的环境，提升居民的生活质量和幸福指数，为居民提供一个公共的活动空间，于狭小的生活空间中获得一丝解放，增强居民对本地文化的参与感和自豪感；另一方面，渔阳里广场的设立为上海乃至全国的红色文化活动及青少年教育活动提供了一个新的去处，打破了传统的局限于纪念馆空间中的史料传播途径。

艺术价值：将渔阳里的历史文化以公共艺术

的形式展示于众，让渔阳里历史深入人心，既实现了红色文化的当代价值，也为公共艺术如何介入城市更新、提升城市的品质，提供了一条可以借鉴和分享的路径。

渔阳里广场的设计策略
公共艺术，激活红色文化基因

在考察渔阳里独特的地理位置和特征之后，项目决定在此设置红色文化广场——渔阳里广场，于拥挤杂乱的环境中，开辟出一片公共区域，以公共艺术介入社区的形式，激活传统弄堂的红色文化基因，为当地居民生活注入活力。广场定位在与周边商区一墙之隔的停车场区域，主题设计以恢弘的浮雕形式绘制中国共青团发展史上典型的青年事迹，谱写了一首属于中国青年的"青春赞歌"，再现英雄们当年的英姿。浮雕墙采用深浅浮雕相结合的雕塑手法，栩栩如生地展示了许多社区居民耳熟能详的故事：五四

运动、中国社会主义青年团成立、五卅运动、一二·九运动、第二条战线、青年志愿垦荒活动、学习雷锋活动、新长征突击手（队）活动、希望工程、中国青年志愿者行动十组青运史重大事迹。画面着重展现为革命事业献身和奋斗的标志性人物和重要事迹，使俞秀松、施存统、沈玄庐、陈望道、李汉俊、叶天底、袁振英、金家凤8位中国社会主义青年团创始人、"学习好榜样"雷锋、渴望上学的"大眼睛"女孩等形象更加深入人心。运用现代艺术手段展现历史故事，用传统精神引发当代思考。同时，考虑到老墙的承重能力，浮雕墙设计另立基座，在改造中注重对原始建筑的保护，减少大量的拆建工作，实现了传统建筑与时代的优雅共鸣。

在地重生，彰显海派文化特征

如何彰显渔阳里的上海气质，是本项目在广场呈现形式上的亮点体现。在上海，人们把成排

之间的户外通道称为里弄或弄堂，因此上海里弄的名称大都以"里"或"坊"命名，"渔阳里"亦由此而来。为了与弄堂的建筑风格融为一体，本设计特意在整个浮雕墙中间打造了一扇刻有"渔阳里"的石库门，门的造型保持了原有的石库门风貌，吸收了江南民居的式样，以石料做门框，以乌漆实心厚木做门扇，再嵌以金色的敲门铜环，与背后的青瓦白墙、飞檐拱壁相得益彰。推开这扇"历史之门"，映入眼帘的即为富有年代和历史感的渔阳里弄，人们穿过弄堂可直接进入纪念馆，继续感受红色文化的洗礼，形成里外呼应的效果，从视觉、听觉和触觉等全方位加深观众对渔阳里历史文化的理解。

当代青年，传承五四精神文脉

李强书记说，青年代表着未来，是上海的希望所在，青年人在哪里，活力、潜力和创造力就在哪里。渔阳里所蕴含的红色发源力量和海派文化特色背后，是一群群在时代的发展轨迹中步履不停、不断追求卓越、开拓创新的年轻人，他们身上所传承的五四精神与上海城市品格融为一体，不仅是解锁上海过去发展的无形密码，也是推动上海未来发展的深层力量。

在"青春赞歌"浮雕墙前方的地面上，是一条用钢板材质打造的3米宽"青春足迹"步道，入口处的红色火炬象征着"熊熊燃烧"的革命之火，在历史的传承中，经岁月磨砺而历久弥新。散落在地面上的红色五星，犹如火炬上飘落的"星星之火"，伴随着共青团的青春岁月，燃遍整个中国大地。"青春足迹"步道展示了从"1919年，随着中国在巴黎和会上外交的完全失败，全国舆论一片哗然，青年学生率先在北京点燃了反帝爱国的火焰，发动了'五四'爱国运动"，到"2018年6月，中国共产主义青年团第十八次全国代表大会在北京召开"等16件共青团大事记，使观众在阅览浮雕墙画面所展现的英雄事迹同时，能够通过图文并茂的方式感受时代发展中一代代青年人的先锋模范作用，深刻体味熔铸在上海市民血脉中的城市品格特征。

与此同时，广场上还设置了旗杆，可在重要节日举行升旗仪式，使之成为广大青少年开展团日活动重温革命历史、接受仪式教育的重要场所，为当代青年搭建了一条通往历史与未来的时空隧道。自2019年4月底渔阳里广场落成以来，来自全国各地的青少年团队络绎不绝，广场成为学习红色历史、传承五四精神的"网红"打卡点，每天

接待人数近千人。

当代全球文化思潮激烈碰撞的环境下，"应当如何继承和发扬五四精神？"这一时代的需求，需要的不仅是红色文化教育方式上的转变，也为红色文化的传播和展示方式带来了新的挑战。渔阳里广场配合纪念馆内部的展陈方式更新，选取了独具代表性的中国青年故事，以及中国共产主义青年团发展历程中的大事记进行展示，并结合上海本地对红色文化教育场所的需求，打造了一座具有历史纪念、学习教育、观赏休闲等多功能性的红色文化广场。

生态艺术，改善居民生活环境

渔阳里广场的设计还本着生态及可持续发展的原则，对基地原有的工业建筑、绿色植被、电气设备等设施进行了完备的处理，在交通线路上，根据现有的空间姿态，从西向东设置了一条主轴线作为主要的人形动线，并划分了人行步道、机动车辆入口以及消防车辆出口等必要的交通线路；广场上原有的绿色植被，经过园艺师的精心移植，全部转移到附近公园中继续栽培，取而代之的是公园造景中视觉效果最好的色叶乔木新树种之一——千层金；此外，在照明设备上的选择上，广场采用LED景观地灯进行装饰，白天既不影响观众的视线，夜晚又可烘托出浮雕墙的庄严大气。并体现了以下特征。

1.包容性：传统的红色文化广场以庄严肃穆的氛围为主，调性单一，无法吸引年轻人驻足，而渔阳里广场的选址位于上海最繁华的淮海中路商业街道，在设计风格上不仅需要承接传统的海派风格建筑，还需要迎合商业街道的繁华，于是删繁就简，地面以简约现代的阶梯式风格与对面商场融为一体，打造了一个兼容并蓄的场所，实现了历史文化与商业文化的无缝对接。

2.社交性：在生活节奏不断加快、网络媒体占领高地的城市生活中，人与人之间的面对面交流显得尤为珍贵。经过空间的重新划分，宽敞明亮的广场空间，不仅满足了周边生活的居民对公共活动空间的需求，拉近了彼此间的距离，也为来往匆匆的游客提供了一个驻足的理由。

3.可读性：相较原本交通动线杂乱的停车场，经过改造后的渔阳里广场，一砖一瓦都变成了文化载体，挂满广告牌的弄堂外墙摇身一变，重新回归到了可以"阅读"的建筑本体，以开放式的姿态讲述着渔阳里的故事。

主　　编：许　浩（南京林业大学风景园林学院）
执行主编：赖文波（华南理工大学建筑学院）
　　　　　王　铬（广州美术学院建筑艺术设计学院）
副 主 编：周旭山（景观周 AHLA 亚洲人居景奖）
编委（排名不分先后）：

俞孔坚　张方法　林坚美　常骥亚　李　飞　黄颖秋　谷婉煜
张文英　肖星军　黄文烨　苏春燕　郑益毅　何铭谦　梁恺峰
冯劲谊　梁丽玲　陈乐乐　栾　博　王　鑫　金越延　夏国艳
白小斌　凡　新　刘　拓　邵文威　刘　通　郁　聪　黄嘉瑶
王塬锐　刘　喆　李　雯　王兆迪　赵金祥　粟　淋　张小康
陈　鹏　何宏权　张　杰　傅国华　塞先平　宋正威　杨佳佳
楼　颖　毛　征　徐跃华　苏子珺　刘升阳　吴　宪　刘泽平
萧泽厚　敖卓毅　余陈华　洪庆辉　冯诗瑾　刘学发　林庭羽
贝　龙　李芳瑜　任霈涵　许宁吟　彭　涛　林逸峰　吴孛贝
王裕中　黄婉贞　徐瑞绅　李中伟　钟惠城　林　楠　梁宗杰
蓝　浩　李　瑛　陈道庆　桂　博　章世杰　刘洪扬　陈　曦
魏　昆　王开元　肖　琳　王　鑫　张　萍　邱干元　任雪雪
周钶涵　郑瑞标

图书在版编目（CIP）数据

中 国 景 观 设 计 年 鉴 . 2021—2022/ 许 浩 主 编 .—沈
阳 ：辽宁科学技术出版社，2022.5
ISBN 978-7-5591-2445-6

Ⅰ . ①中… Ⅱ . ①许… Ⅲ . ①景观设计－中国－
2021-2022－年鉴 Ⅳ . ① TU983-54

中国版本图书馆 CIP 数据核字（2022）第 033091 号

出版发行：辽宁科学技术出版社
　　　　　（地址：沈阳市和平区十一纬路 25 号 邮编：110003）
印 刷 者：广东省博罗县园洲勤达印务有限公司
经 销 者：各地新华书店
幅面尺寸：240mm×330mm
印　　张：56
插　　页：4
字　　数：672 千字
出版时间：2022 年 5 月第 1 版
印刷时间：2022 年 5 月第 1 次印刷
责任编辑：杜丙旭 张昊雪 袁 艺
封面设计：何 萍
版式设计：何　萍
责任校对：韩欣桐

书　　号：ISBN 978-7-5591-2445-6
定　　价：458.00 元
联系电话：024-23280070
邮购热线：024-23284502
http://www.lnkj.com.cn